低碳能源技术
Low Carbon Energy Technology

天然气水合物综论

肖 钢 白玉湖 董 锦 编著

A Comprehensive Review of Natural Gas Hydrates

高等教育出版社·北京
HIGHER EDUCATION PRESS BEIJING

内容简介

天然气水合物储量巨大、分布广泛、使用清洁，被认为是一种很重要的潜在替代能源。随着国际天然气水合物研究与实践工作的不断开展，新成果日新月异，因此，非常有必要对这些成果进行跟踪和总结，以便使科研人员把握研究方向，了解国际最新成果，缩短研发历程。本书主要介绍了天然气水合物的基本物理化学性质及其测量方法、地质成藏模式、勘探开发方法、在其他领域的应用和前景以及现场试验开采和商业开采可能导致的潜在的风险，使读者能够系统地了解天然气水合物这一领域。

本书内容丰富，论述浅显易懂，适合从事新能源研究和开发的科技工作者、教师及研究生阅读，也可供欲进入这一领域者参考。

图书在版编目(CIP)数据

天然气水合物综论 / 肖钢，白玉湖，董锦编著. —北京：高等教育出版社，2012.1
ISBN 978 – 7 – 04 – 034009 – 9

I. ①天⋯ Ⅱ. ①肖⋯ ②白⋯ ③董⋯ Ⅲ. ①天然气水合物 – 研究 Ⅳ. ①P618.13

中国版本图书馆 CIP 数据核字(2011)第 272629 号

策划编辑	刘占伟	责任编辑	刘占伟	封面设计	王凌波	版式设计	马敬茹
插图绘制	尹 莉	责任校对	俞声佳	责任印制	毛斯璐		

出版发行	高等教育出版社	咨询电话	400 – 810 – 0598
社 址	北京市西城区德外大街4号	网 址	http://www.hep.edu.cn
邮政编码	100120		http://www.hep.com.cn
印 刷	北京中科印刷有限公司	网上订购	http://www.landraco.com
开 本	787mm×1092mm 1/16		http://www.landraco.com.cn
印 张	11	版 次	2012 年 1 月第 1 版
字 数	190 千字	印 次	2012 年 1 月第 1 次印刷
购书热线	010 – 58581118	定 价	37.00 元

本书如有缺页、倒页、脱页等质量问题，请到所购图书销售部门联系调换
版权所有 侵权必究
物料号 34009 – 00

序 一

清洁能源对当今世界的重要性正得到人们的普遍认同。作为世界工业催化行业的领军企业，哈尔杜·托普索公司也认为我们的世界正面临一个清晰而紧迫的需求——能源的新型、清洁和高效的利用方式。

我已经98岁，比肖钢博士年长48岁，我们一直是难得的忘年交。大约20年前，年轻的肖钢博士在托普索公司开始他的职业生涯时，托普索家族就了解他并彼此成为好朋友了。从一开始结识，他的才干以及他对多学科知识的驾驭能力便给我留下了深刻的印象。我非常享受与他见面的时光，每次与他见面都是一个让我了解更多能源系统与大千世界的绝妙机会。时光飞逝，从我们结识以来，肖钢博士已经成长为一名世界级的领军科学家。他的科学技术知识面很宽，横跨无机化学、有机化学、电化学、物理化学和地球科学。他的热情、包括做事时巨大的激情以及他独特的人格魅力给人以深刻的印象。

上次见到他的时候，他向我介绍了他正在为中国读者编写的一套清洁能源方面的科技丛书。我非常高兴为这套丛书作序，并借此机会向所有对清洁能源的发展感兴趣的同仁推荐肖钢博士的作品。

哈尔杜·托普索

董事局主席、公司创始人

哈尔杜·托普索先生简介

Haldor Frederik Axel Topsoe（哈尔杜·托普索），1936年毕业于丹麦技术大学（DTU），1940年创立哈尔杜·托普索公司。公司成立70多年来，一直秉持着只有通过应用基础研究才能建立和保持独一无二的催化市场地位的经营理念，现在是世界工业催化领域家喻户晓的领军企业。由于成绩斐然、对社会的贡献巨大，哈尔杜·托普索先生曾被授予诸多国际荣誉，包括丹麦皇室授予的皇家大爵士勋章。

序 一
（原文）

It is widely recognized that clean energy is an area of increasing importance to our world. As one of the leading companies in the catalysis industry, Haldor Topsoe fully shares the view that this world has a clear and compelling need to use our energy resources in new, clean and efficient ways.

I am now 98 years old. With an age difference of 48 years, I have enjoyed a friendship with Dr. Gang Xiao between generations. The Topsoe family has known Dr. Gang Xiao for almost 20 years, since he as a young man began his career with the company many years ago. Right from the beginning I was impressed by his talents and multidiscipline approach and I have always enjoyed his presence, and every time we are together I use the opportunity to learn more about energy systems and the wider world. Since our early encounters Dr. Xiao has developed into a world leading scientist with active knowledge across a broad spectrum of science and technology, including inorganic and organic chemistry, electrochemistry, physical chemistry, and geosciences. His enthusiasm, tremendous passion, and his unique appealing personality have always impressed me very much.

The last time I met him, Gang told me that he had finished writing a series of books on clean energy technologies to the Chinese readers. I am delighted to recommend Dr. Gang Xiao's books to all those interested in the progress and possibilities in the field of clean energy.

Haldor Topsoe

Chairman and Founder

序 二

油气作为一种重要的战略资源，在国民经济、社会发展及国家能源战略安全方面所起的作用是毋庸置疑的。伴随着国民经济的高速发展，油气资源短缺已经成为制约经济发展的一个重要瓶颈。近年来，国际上在页岩气、天然气水合物等非常规气资源勘探与开发方面取得了长足的进展。美国在页岩气勘探开发领域取得了至关重要的突破，成功地实现了页岩气的商业性开采。以加拿大、日本等国为首进行的天然气水合物勘探和开发实验也取得历史性突破，在高寒冻土区域进行了试验性生产。日本有望在近几年实现海域天然气水合物的试验开采。这越来越表明，非常规气资源有望很好地缓解油气资源紧张的局势。

我国有着丰富的非常规气资源，据初步估算，我国页岩气资源量和美国相当，具有很好的勘探开发前景。我国在南海海域、青藏高原永久冻土带成功地钻探到天然气水合物样品，初步证实了我国具有丰富的天然气水合物资源。近些年，我国已经进行了非常规气资源的勘探和开发，并取得了很好的进展。但整体而言，我国在该领域尚处于起步阶段，与国际先进水平相比仍有很大的差距，仍需广大科研人员坚持不懈地努力。为尽早实现非常规气资源的商业性开发，我国政府已持续加大投入力度。恰逢此时，我很高兴地看到肖钢博士及其合作者正在编写关于天然气水合物和页岩气勘探开发研究进展方面的书籍，他们系统地介绍了非常规气资源的勘探开发技术的最新进展，这对科研人员掌握国际发展现状大有裨益。

肖钢博士是国家和中海油引进的海外高级人才，在清洁能源领域成果丰硕，已经出版了数本学术专著，希望其在非常规气领域的书籍也会被读者关注和喜欢。

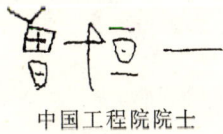

中国工程院院士

作者简介

肖钢

1984年毕业于东北大学热能工程系。1992年获得丹麦技术大学化学系博士学位。著有《燃料电池技术》、《黑色的金子——煤炭开发、利用与前景》、《新能源经济引领新经济时代》、《低碳经济与氢能开发》、《大规模化学储能技术》、《分布式能源综论》、《还碳于地球——碳捕获与封存》、《观澜集》等。

目前供职于大型国有能源企业,是英国皇家化学会院士(FRSC)、国际节能环保协会(IEEPA)专家、中国可再生能源学会氢能专业委员会理事、清洁煤技术全国理事会常务副理事长,中国《煤炭转化》杂志理事会常务理事代表、中国二甲醚协会常务理事、北京市重点产业知识产权联盟特聘专家、美国Case Western Reserve University客座教授、西北大学客座教授、同济大学客座教授、中科院大连化学物理研究所客座研究员。

作为主要发明人,享有国际及中国授权和受理的专利180余项。

白玉湖

1976年出生于辽宁鞍山,满族,高级工程师。2002年毕业于中国石油大学(华东)石油工程专业,获得油气井专业硕士学位。2006年获得中国科学院力学研究所流体力学博士学位。2008年由中国石油大学(北京)博士后流动站、中国海洋石油研究中心博士后科研工作站出站。主要从事天然气水合物和提高油气采收率等方面的科研工作。参编《石油天然气工业水下生产系统的设计与操作》、《海洋石油工程设计指南》第12册,在国内外期刊及重要会议发表论文50余篇,作为主要发明人授权和受理专利8项。

董锦

2008年毕业于中国石油大学(华东)化学工程与工艺专业,获工学学士学位,并辅修工程管理专业,获管理学学士学位。2011年获中国石油大学(北京)化学工程专业工学硕士学位。曾在中国石油大学水合物研究中心、新能源研究中心做科研工作,主要从事气体水合物技术、分离工程、流体相平衡与物性等方面的研究,在国内外期刊上发表论文多篇。

前　言

天然气水合物是烃类气体分子与水在低温高压条件下形成的，因其外表似冰，可以燃烧，俗称可燃冰。据天然气水合物的形成条件分析，地球上的天然气水合物蕴藏量十分丰富，大约27%的陆地（大部分分布在永冻区）和90%的海域都含有天然气水合物。保守估计，天然气水合物中有机碳含量是煤、石油、天然气等化石能源中总有机碳含量的两倍，因此被看做是一种未来的替代能源。1 m^3 的天然气水合物能够分解产生 164 m^3（标准状态下）天然气。天然气水合物储量巨大、分布广泛、燃烧清洁，被认为是一种很重要的潜在替代能源。美国、日本等国已经把天然气水合物开发提升至国家能源战略层次，并制定了相应的开发计划，预计在2015年或2016年实现天然气水合物的商业开采。尽管目前看来天然气水合物的商业开采时间尚有很多不确定性，但美国和日本对天然气水合物的重视程度却可见一斑。印度、韩国也在国家层面上积极推动天然气水合物的研发。目前国际上已形成天然气水合物的研究热潮。

虽然我国自20世纪90年代才开始进行天然气水合物的研究工作，但已经取得了长足的进展。2007年在南海神狐海域成功地钻探到了天然气水合物样品，使我国成为继美国、日本、印度之后第4个通过国家级研发计划采集到天然气水合物实物样品的国家，南海的神狐海域则成为世界上第24个采集到天然气水合物实物样品的地区，也是第22个在海底采集到天然气水合物实物样品的地区和第12个通过钻探工程采集到天然气水合物实物样品的地区。2009年9月，我国在祁连山南缘永久冻土带成功地钻获了天然气水合物实物样品，这是我国继2007年5月在南海北部钻获天然气水合物之后的又一重大突破，也是继加拿大1992年在马更些三角洲、美国2007年在阿拉斯加北坡通过国家计划钻探发现天然气水合物之后，在陆域通过钻探获得天然气水合物样品的第3个国家。虽然如此，我国在天然气水合物研发方面与国外尚有一定的差距。随着国际天然气水合物研究工作的不断开展，新成果日新月异，因此非常有必要对国际天然气水合物研究进展进行跟踪和总结，以缩短我国天然气水合物的研究进程，减小与国际先进水平之间的差距。

本书分为7章。第1章系统地综述了天然气水合物的研究进展，美国、日本等国的天然气水合物开发计划以及我国的研究现状。第2章概括了天然气水合物的物理化学性质以及相关的物理化学性质的测试技术。第3章对国内外关于天然气水合物成藏模式的最新研究成果进行了归纳。第4章阐述了天然气水合物勘探开发技术，对天然气水合物地球物理标志、地球化学标志、生物学标志、海底地貌标志、天然气水合物取心技术以及天然气水合物开采方法等最新进展进行了总结。第5章探讨了天然气水合物的其他相关应用技术，包括天然气水合物的储存、运输以及在其他领域的应用前景。第6章研究了天然气水合物开发时的潜在风险，包括对海洋地质、气候、生态环境的影响，并重点阐述了海域天然气水合物开发对海洋石油钻采的潜在风险。第7章分析了陆地天然气水合物试验开采的进展。

限于时间和作者的能力，书中难免有不当之处，请读者批评指正。

肖钢

2011年6月18日

目 录

第1章 天然气水合物研究现状 ·· 1
1.1 天然气水合物分布及储量 ·· 1
1.2 我国的天然气水合物资源 ·· 6
1.2.1 我国海域的天然气水合物资源 ·· 6
1.2.2 我国冻土带的天然气水合物资源 ····································· 7
1.3 国际上天然气水合物研究进展 ·· 8
1.3.1 20 世纪 70 年代以前研究进展 ·· 11
1.3.2 20 世纪 80 年代研究进展 ·· 12
1.3.3 20 世纪 90 年代研究进展 ·· 13
1.4 世界主要国家天然气水合物研究计划 ·································· 14
1.4.1 美国天然气水合物研究计划 ··· 14
1.4.2 日本天然气水合物研究计划 ··· 18
1.4.3 韩国天然气水合物研究计划 ··· 20
1.5 我国天然气水合物研究现状 ·· 21

第2章 天然气水合物的概念及性质 ·· 25
2.1 天然气水合物的概念 ·· 25
2.2 天然气水合物的结构形态 ·· 26
2.3 天然气水合物的性质 ·· 28
2.3.1 天然气水合物的热力学性质 ··· 28
2.3.2 天然气水合物的动力学性质 ··· 33
2.4 天然气水合物的相平衡研究 ··· 37
2.4.1 天然气水合物相平衡的实验研究 ·································· 37
2.4.2 天然气水合物相平衡的判定标准 ·································· 38
2.4.3 天然气水合物相平衡的测定方法 ·································· 39
2.5 天然气水合物物性的测试技术 ·· 40
2.5.1 天然气水合物样品的处理与保存 ·································· 41

2.5.2　天然气水合物含气量的测定 ………………………………… 41
　　　2.5.3　天然气水合物的典型分析方法 ……………………………… 42

第3章　天然气水合物成藏及特征 …………………………………………… 47
3.1　天然气水合物成藏模式 ………………………………………………… 47
3.2　海洋天然气水合物的类型和特征 ……………………………………… 55
3.3　与常规油气藏伴生的水合物矿藏 ……………………………………… 57
3.4　天然气水合物矿藏产状和特征 ………………………………………… 58
　　　3.4.1　天然气水合物矿藏产状 ……………………………………… 58
　　　3.4.2　天然气水合物矿藏特征 ……………………………………… 59

第4章　天然气水合物勘探和开发技术 ……………………………………… 61
4.1　天然气水合物的地球物理标志 ………………………………………… 61
　　　4.1.1　常规地震剖面上的拟海底反射 ……………………………… 61
　　　4.1.2　常规地震剖面上的速度-振幅异常结构现象 ……………… 62
　　　4.1.3　振幅随偏移距变化属性剖面上的识别标志 ………………… 63
　　　4.1.4　波阻抗反演剖面上的识别标志 ……………………………… 64
　　　4.1.5　天然气水合物测井识别标志 ………………………………… 64
4.2　天然气水合物地球化学标志 …………………………………………… 66
　　　4.2.1　气体异常法 …………………………………………………… 66
　　　4.2.2　离子浓度异常法 ……………………………………………… 67
　　　4.2.3　稳定同位素法 ………………………………………………… 68
4.3　天然气水合物生物学标志 ……………………………………………… 69
4.4　天然气水合物海底地形地貌标志 ……………………………………… 71
4.5　天然气水合物取心技术 ………………………………………………… 72
　　　4.5.1　保温保压取样装置 …………………………………………… 73
　　　4.5.2　非保温保压取样装置 ………………………………………… 80
4.6　天然气水合物开采方式 ………………………………………………… 83
　　　4.6.1　降压法 ………………………………………………………… 83
　　　4.6.2　注热法 ………………………………………………………… 86
　　　4.6.3　注化学试剂法 ………………………………………………… 88
　　　4.6.4　天然气水合物开采的新方法 ………………………………… 89
　　　4.6.5　其他开采方法 ………………………………………………… 91

第5章　天然气水合物相关技术应用 ………………………………………… 95
5.1　天然气水合物的储存与运输 …………………………………………… 95

目录

    5.1.1   天然气的储存和运输 ··· 95
    5.1.2   天然气水合物储运的特点 ······································ 98
    5.1.3   天然气水合物储运的技术路线 ·································· 100
    5.1.4   天然气水合物储运的关键技术 ·································· 104
    5.1.5   天然气水合物储运技术的发展前景 ······························ 106
  5.2 天然气水合物储运技术的应用前景 ······································ 107
    5.2.1   调节天然气使用中的不均衡性 ·································· 107
    5.2.2   用作车用燃料 ·· 108
    5.2.3   近临界和超临界萃取 ·· 108
    5.2.4   在生物工程和新材料领域的应用 ································ 109
    5.2.5   水合物的三相混输 ·· 109
    5.2.6   生物酶活性控制及提取 ·· 110
    5.2.7   海水脱盐淡化 ·· 110
    5.2.8   气体混合物分离 ·· 111
    5.2.9   处理有毒、有害物质 ·· 112
    5.2.10 输送煤层气 ·· 112
    5.2.11 其他应用 ·· 113

第 6 章　天然气水合物开发的潜在风险 ·· 115
  6.1 天然气水合物与地质灾害 ·· 115
  6.2 天然气水合物与温室效应 ·· 117
  6.3 天然气水合物与生态环境 ·· 119
  6.4 天然气水合物开发对海洋石油钻采的潜在风险 ·························· 122

第 7 章　天然气水合物试开采进展 ·· 129
  7.1 Messoyakha 地区天然气水合物开采状况 ································ 129
  7.2 Mallik 地区天然气水合物开发试验 ···································· 133
    7.2.1   Mallik 地区天然气水合物概况 ································ 133
    7.2.2   Mallik 2002 项目试验开采 ···································· 135
    7.2.3   Mallik 2006—2008 项目试验开采 ······························ 142

参考文献 ·· 145

第1章 天然气水合物研究现状

1.1 天然气水合物分布及储量

天然气水合物（因可以燃烧，俗称可燃冰）是在一定条件下由轻烃、二氧化碳及硫化氢等小分子气体与水相互作用形成的白色固态结晶物质，是一种非化学计量型晶体化合物，或称笼形水合物、气体水合物。自然界中存在的天然气水合物（natural gas hydrate，简称 NGH）的主要成分为甲烷（>90%），所以又常称为甲烷水合物，纯天然气水合物，如图 1.1 所示。

图 1.1 正在燃烧的天然气水合物

地球上天然气水合物的蕴藏量十分丰富，大约 27% 的陆地（大部分分布在冻结岩层）上和 90% 的海域中都含有天然气水合物。最有可能形成天然气水合物的两个区域是：

（1）高纬度陆地（冻土带）和大陆架。陆地上的天然气水合物存在于 200~2 000 m 深处，主要分布于高纬度极地永久冻土带之下，或者大陆边缘的斜坡和隆起处，这里的温度很低。全球极地永久冻土带地区的面积约为 $1.1 \times 10^7 \ km^2$，其中我国青藏高原永久冻土带的面积为 1.588×10^6 km²。

（2）海底。一般认为，当海水深度超过 500 m 时，海底沉积物所处的温度、压力就能够满足天然气水合物的形成条件。海域的天然气水合物主要赋存于陆坡、岛坡和盆地的上表层沉积物或沉积岩中。

天然气水合物广泛分布于世界海域的陆坡、陆隆或海台地区，活动陆缘俯冲带增生楔和非活动陆缘的陆隆海台断褶区是其赋存的主要场所。从全球范围来看，已发现多处水合物的分布带，大致沿麦索雅哈河—普拉德霍湾—马更些三角洲—青藏高原和北冰洋—大西洋—太平洋—印度洋形成两个水合物分布带。在环西太平洋地区，俄罗斯—朝鲜—日本有较多发现，澳大利亚—新西兰也有发现（吴能友等，2008）。

天然气水合物的主要分布区域如下：

（1）西太平洋海域的白令海、鄂霍茨克海、千岛海沟、冲绳海槽、日本海、日本四国海槽、日本南海海槽、印尼苏拉威西海、澳大利亚西北海域及新西兰北岛外海。

（2）东太平洋海域的中美海槽、北加利福尼亚—俄勒冈滨外、秘鲁海槽。

（3）大西洋海域的美国东海岸外布莱克海脊、墨西哥湾、加勒比海、南美东海岸外陆缘、非洲西海岸海域。

（4）印度洋的阿曼海湾。

（5）深水湖泊，如内陆的里海和黑海。

（6）极地地区，如北极的巴伦支海和波弗特海，南极的罗斯海和威德尔海。

（7）大陆永久冻土带地区，如俄罗斯的西伯利亚，中国的青藏高原等。

据最新资料显示，迄今已在全球至少 116 个地区发现了天然气水合物，其中陆地 38 处（永久冻土带）、海洋 78 处。海洋中天然气水合物的分布情况如下：美国 12 处，日本 12 处，俄罗斯 8 处，加拿大 5 处，挪威、中国、墨西哥各 3 处，秘鲁、智利、巴拿马、阿根廷、印度、澳大利亚、新西兰、哥伦比亚各 2 处，巴西、巴巴多斯、尼加拉瓜、危地马拉、委内瑞拉、哥斯达黎加、乌克兰、巴基斯坦、阿曼、南非、韩国各 1 处，南极永冻带 5 处。这些发现大多数是通过对地球物理资料的解释而确定的［如获得地震拟海底反射（BSR）标志］，并由国际大洋钻探（ODP）和国际深海钻探（DSDP）的实际钻探成果予以证实。其中有 15 处通过钻井取样确认；8 处通过钻井测井发现；8 处由活塞取心和重力取心器发现。

从 Makogon 指出在苏联境内的永久冻土中存在天然气水合物开始，关于天然气水合物的储量问题就一直存在着两种截然不同的观点。其中一种观点认为：考虑到天然气水合物的分散性和开采难度，可忽略水合物的存在。另一种观点则认为：在地球上的永久冻土（占陆地面积的 27%）以及海洋的热力稳定区域（占海洋面积的90%）中，水合物普遍存在而且不可忽略。30多年来，各国学者对全球天然气水合物资源量的研究总体上可分为三个阶段：20世纪70年代至80年代早期（$10^{17} \sim 10^{18}$ m³ 量级）、20世纪80年代晚期至90年代早期（10^{16} m³ 量级）、20世纪90年代晚期至今（$10^{14} \sim 10^{15}$ m³ 量级）。分析发现，最早的估算结果比现今的偏大2~3个数量级。天然气水合物资源估算量随时间的变化关系如图1.2所示。

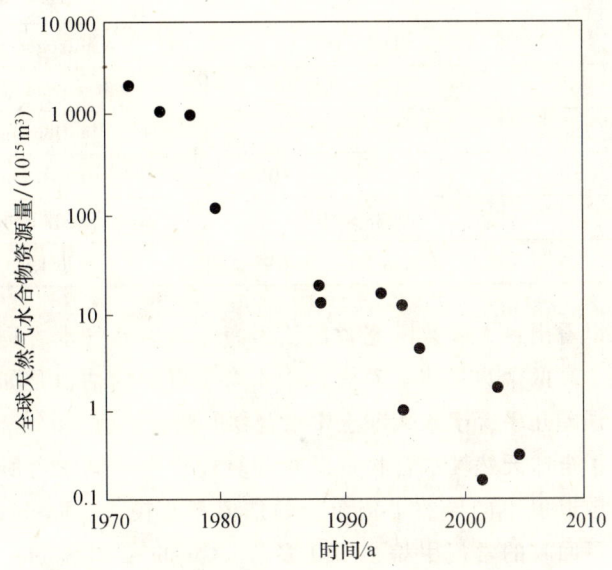

图 1.2　20世纪70年代至今不同时期对天然气水合物资源量的估算（葛倩等，2005）

尽管对于全球天然气水合物资源量的估算值差别很大，目前各国科学家还是较为一致地认为其资源总量为 2×10^{16} m³。如果将此储量折算为地球上的有机碳资源，它将占全球总有机碳量的一半以上，约为所有化石能源（煤、石油和天然气）中含碳量总和的两倍。因此，作为未来的潜在能源，天然气水合物无疑具有极大的吸引力。但实际上，关于全球的天然气水合物的储量仍旧是一个争议不断的问题。各国学者的结论之所以差别较大，主要是因为很难有一个公认的计算方法来确定天然气水合物的资源总量。表1.1给出了几十年来人们对海洋和冻土中天然气水合物资源量的估计值。其中最大值是 Dobryin 等提供的，他假设不管是否满足热力学条件，水合物都存在；最小值则来自 McIver 和 Meyer，他们考虑了更多的限制因素，例如甲烷的可用性、有限的多孔度、有机物质所占的百分比以及不同地区的热力学条件等。人们对天然气水合物的估值都是带有推测性的。但近年来通过不同的方法，由不同的人所得的估值都反映出以水化合物形式存在的天然气的储量很大。

表 1.1 天然气水合物在自然界中储藏量的估计值

永久冻土水合物/m^3	海洋水合物/m^3	参 考 文 献
5.7×10^{13}	$(5 \sim 25) \times 10^{15}$	Trofimuk 等（1977）
3.1×10^{13}	3.1×10^{15}	McIver（1982）
3.4×10^{16}	7.6×10^{18}	Dobrynin 等（1981）
1.4×10^{13}		Meyer（1981）
1.0×10^{14}	1.0×10^{16}	Makogon（1981）
	1.8×10^{16}	Kvenvolden（1988）
7.4×10^{14}	2.1×10^{16}	MacDonald（1990）
	$(2.6 \sim 13.9) \times 10^{16}$	Gornitz 和 Fung（1994）
	0.38×10^{15}	Ginsburg 和 Soloviev（1995）
	$(0.38 \sim 1.0) \times 10^{15}$	Soloviev（2002）

从表 1.1 可以看出：大多数研究者都认为海洋中天然气水合物的储量比永久冻土中的储量至少高两个数量级。对海洋中水合物资源的估值是如此之大，以至于其储量估值的误差几乎等于永久冻土中水合物的储量估值。

表 1.2 给出了全球天然气水合物资源量估算过程中不同学者所采用的主要参数，正是因为参数取值不同导致了资源量的估值相差较大。Kvenvolden 指出，水合物中的甲烷比可回收的常规甲烷多 100 多倍。Ginsburg 和 Soloiev 指出，水合物的储量可能低于一般认为的储量，并认为以前的估计值夸大了沉积物的含量，夸大了水合物连续区域分布的概念。然而即使是保守估计，水合物中天然气的含量仍然有 10^{15} m^3，即认为水合物中气体的含量是常规能源的 10 倍是合理的。从表 1.2 可看出，水合物中蕴含的天然气资源有着巨大的能源潜力。

天然气水合物中天然气量的大小主要取决于以下 5 个参数：①天然气水合物的分布面积；②储层厚度；③孔隙度；④水合指数；⑤天然气水合物饱和度。因此天然气水合物层中天然气的体积的表达式可由下式表示：

天然气水合物层段内天然气的体积 = 天然气水合物的分布面积（m^2）× 天然气水合物层的厚度（m）× 天然气水合物储层孔隙度（%）× 天然气水合物饱和度（%）× 天然气水合物产气因子（水合指数为 6.325 时产气因子为 164，水合指数为 7.474 时产气因子为 139）。

目前，国际上计算天然气水合物中天然气体积的权威方法是"容积法"，并取全球海域含天然气水合物矿层面积为 $(5 \sim 6) \times 10^7$ km^2、矿层沉积水合物厚度为 500 m、沉积物孔隙度为 50%、充填率为 10%。经此方法计算得到的水合物中所含天然气约为 $(1.8 \sim 2.1) \times 10^{16}$ m^3。

第1章 天然气水合物研究现状

表 1.2 全球天然气水合物资源量估算中不同学者所采用的主要参数（葛倩等，2005）

研究者	存在的NGH沉淀物表面积/(10^6 km^2)	NGH稳定带厚度/m	NGH的沉积物体积/(10^6 km^3)	沉积物孔隙度/%	沉积物渗透率/%	标准温压条件下NGH中甲烷气含量/(m^3/m^3)	标准温压条件下沉积物中NGH含量/(m^3/m^3)	NGH丰度/(m^3/m^2)	标准温压条件下全球NGH资源量/(10^{15} m^3)
Trofimuk 等（1973）	335.71	300	100.7	20	100	150~180	30~36	900~920	3 021~3 625
Trofimuk 等（1975）	335.1	60~300	92.56	—	—	—	6.7~24	1 350~4 000	40
Cherskiy 和 Tsarev（1977）	335.1	60~300	92.56	—	—	—	10~80	2 075~5 533	1 573
Trofimuk 等（1979）	95.9	<300	75.7	—	—	—	30~60	1 170~1 384	110~130
Kvenvolden 和 Claypool（1988）	10	500	5	50	10	160	8	4 000	40
Kvenvolden（1988）	10.5	400	5.6	30	100	140	42	1 900	20
Gornitz 和 Fung（1994）	13.3~31.7	379.1~440	5~13.9	46	0~50	170	5.2~10	2 000~4 400	26.4~139.1
Gornitz 和 Fung（1994）	23	453.4	10.4	—	—	—	11	5 000	114.5
Harvey 和 Huang（1995）	14.8	277	16.5	<60	2.5~40	170.7	5.5~21.9	1 500~6 100	22.7~90.7
Ginsburg 和 Soloviev（1995）	0.4~0.24	—	—	—	—	—	3.2~30	1 500~2 000	1
Holbrook 等（1996）	10.5	—	—	—	—	—	1.9	800	6.8
Soloviev（2002）	0.28	—	—	—	—	—	0.7~3.1	650	>0.2
Milkov 等（2003）	—	—	7	—	—	—	1.4~2.4	160~800	3~5
葛倩等（2005）	—	<400	—	60	—	—	—	—	0.4

注：NGH为天然气水合物的简称。

根据目前的天然气水合物勘探水平，查明从远景资源量到地质资源量、地质储量、探明储量还需要一定的时间。但可以肯定的是，与常规天然气气田的储量相比，天然气水合物中的潜在天然气资源量会对未来的能源结构产生巨大的影响。

1.2 我国的天然气水合物资源

初步研究表明，我国的近海海域和永久冻土地区都埋藏着丰富的天然气水合物资源。在南海及青海木里地区的天然气水合物取心工作已经成功地证实了它们的存在，这对我国新能源事业的发展无疑是巨大的鼓舞。

1.2.1 我国海域的天然气水合物资源

我国海洋面积广阔，海岸线绵长。相关勘探资料表明，我国的海洋天然气水合物资源不仅储量丰富，而且分布范围广泛。

1. 南海及邻近海域

南海地处亚欧板块、澳大利亚板块和太平洋板块的交汇区域，是西太平洋最大的边缘海之一，面积约为 350×10^4 km^2，为一菱形海盆，东北向长 3 000 km，宽 600 km，平均水深 1 000 m 以上。南海北部陆坡的水深在 200~3 400 m 之间，陆隆区水深在 3 400~4 200 m 之间，海底陡峭，起伏大，地形复杂。陆坡东窄西宽，珠江口以东宽 142~290 km，以西宽度超过 300 km。南海南部陆坡宽广，宽度达 400 km，海底切割强烈，崎岖不平。这里分布着南沙海底高原、南沙群岛、南沙海槽、多条裂谷。南海水深介于 300~4 000 m 的陆坡与陆隆的面积为 80×10^4 km^2，从地形地貌、地质构造、水合物的生成温度、压力条件以及物质来源分析，我国南海及邻近海域是天然气水合物形成和存储的有利远景区（吴时国，姚伯初，2008）。南海陆坡和陆隆区总资源量达 $643.5 \sim 772.2 \times 10^8$ t 油当量，大约相当于我国陆上和近海油气总资源量的一半以上。此外，在西沙海槽已初步探明的天然气水合物分布面积为 5 242 km^2，其天然气资源估算达 4.1×10^{12} m^3。2007 年 5 月，我国在南海北部神狐海域成功钻获了高纯度的天然气水合物实物样品，如图 1.3 和图 1.4 所示。钻探显示，该海域天然气水合物具有饱和度高、厚度大、甲烷含量高等特点，具有良好的开发利用前景。

2. 东海及邻近海域

东海是由中国、日本岛、朝鲜半岛和琉球群岛围绕的海域。经过粗略的温度、压力条件分析，在冲绳海槽、琉球海沟和菲律宾海盆的浅部都具有使天然气水合物稳定存在的条件。东海底部有个东海盆地，面积达 25×10^4 km^2，经过 20 年的勘测，该盆地已探明 $1\,484 \times 10^8 \text{ m}^3$ 的天然气储量。

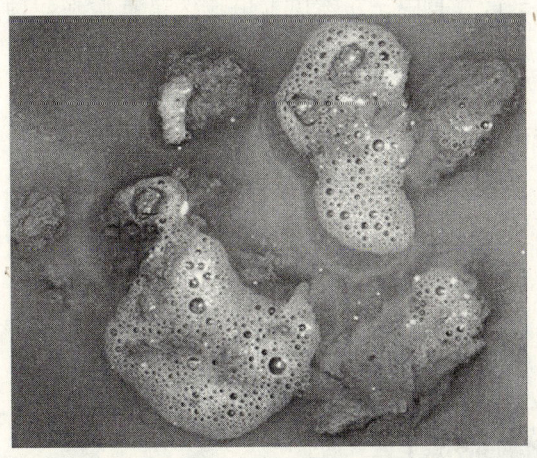

图 1.3 南海天然气水合物样品在水中涌出大量气泡

图 1.4 含有天然气水合物的海底沉积物

3. 台湾海域

我国台湾海域也存在着天然气水合物。根据我国台大海洋所及台湾中油公司的资料，在我国台湾西南海域水深 500~2 000 m 处广泛存在天然气水合物的迹象，台湾东南海底也发现了大面积分布的天然气水合物赋存区。

1.2.2 我国冻土带的天然气水合物资源

我国冻土带面积辽阔，达到 $215 \times 10^4 \text{ km}^2$，占国土总面积的 22.4%，是世界上仅次于俄罗斯、加拿大的第三大冻土大国。根据天然气水合物在陆上冻土带的成藏理论推测，我国的冻土带地层中蕴藏着数量可观的天然气水合物资源。

1. 青藏高原

青藏高原的地理位置、地质结构和气候环境具备了天然气水合物形成的条件。

天然气水合物在青海省最好的找矿地区为羌塘盆地，其次是祁连山木里地区，再次是风火山—乌丽地区。其中，祁连山木里地区是首次在我国大陆上发现天然气水合物的地区，它不仅具备充足的气源条件和压力条件，也存在油页岩、石油和天然气的存储信息。这一地区发现的天然气水合物很有可能是一种以煤层气为主的混合气体水合物。

2009年9月，我国在青海省祁连山南缘永久冻土带成功地钻获了天然气水合物实物样品，并对样品进行了室内鉴定，获得了一系列的原始数据，图 1.5 所示为在青海冻土带钻获含有天然气水合物的岩心样品。

图 1.5 在青海冻土带钻获的含有天然气水合物的岩心样品

2. 东北冻土带

根据推测，由于我国东北地区年平均气温最低，地温梯度最小，因此在冻土带最发育的漠河盆地地区有充足的气源来形成天然气水合物。研究者对多处喷气冷泉进行了采样分析，发现冷泉中喷出的是富含烃类的气体。废弃钻井中逸出的气体可以直接用火点燃，近地表沉积物中烃类气体的含量远远高于全国14个盆地的平均值20余倍，这表明冻土层下可能蕴藏着丰富的天然气水合物矿藏。

1.3 国际上天然气水合物研究进展

1810 年，英国科学家 Davy 在伦敦皇家研究院首次合成氯气体水合物。在这以后的 120 多年中，人们仅仅是通过实验室来认识水合物。1832 年，Faraday 在实验室合成氯气体水合物 $Cl_2 \cdot 10H_2O$，并对水合物的性质作了较系统的描述。其后，人们陆续在实验室合成了溴、二氧化硫、二氧化碳、硫化氢等的气体水合物，提出了著名的 Debray 规则：在给定温度下，所有可分解成固体和气体的固态物质都有一个确定的分解压力,且随温度的变化而变化。1884 年,Roozeboom 提出了天然气水合物形成的相理论。此后不久,Villard 在实验室合成了甲烷、乙烷、乙烯、乙炔等的水合物。1919 年,Scheffer 和 Meijer 建立了一种新的动力学理论方法来直接分析天然气水合物,他们应用 Clausius – Clapeyron 方程建立了三相平衡曲线,来推测水合物的组成。19 世纪 30 年代初,人们开始注意到天然气输气管线中的天然气水合物。1934 年,Hammerschmidt 发表了水合物造成天然气输气管线堵塞的有关数据,人们开始更加详细地研究天然气水合物和它的性质。20 世纪 60 年代中期,苏联首先在地层中发现了天然气水合物。西西伯利亚北部的麦索雅哈气田(现已关闭)发现于 1968 年,是天然气水合物矿藏的一个典型实例。从 20 世纪 70 年代到 20 世纪 80 年代初,由天然气水合物中持续开采出了天然气。另外,1968 年开始的以美国为首的深海钻探计划(DSDP)和后来的大洋钻探计划(ODP)以及深水海底取样技术的提高,加快了对水合物的研究进程。

自 1810 年英国科学家 Davy 在实验室首次发现天然气水合物以及 1888 年 Villard 人工合成天然气水合物以后,人类就没有停止过对气体水合物的研究和探索。在近 200 年的时间里,全世界对天然气水合物的研究大致经历了三个阶段,如表 1.3 所示。

表 1.3 世界天然气水合物研究的重大事件

时间/a	重大事件
1810	英国学者 Davy 在伦敦皇家研究院实验室首次合成氯气体水合物
1811	Davy 著书正式提出气体水合物一词
1888	Villard 在实验室合成了甲烷、乙烷、乙烯、乙炔等的水合物
1934	美国 Hammerschmidt 发表了水合物造成输气管道堵塞的有关数据
1946	苏联斯特里若夫从理论上给出结论:自然界可能存在天然气水合物矿藏
1960—1970	苏联特罗费姆克发现天然气可以以固态形式存在于地壳中并形成气体水合物矿藏
1968	苏联在西西伯利亚发现包含天然气水合物矿藏的麦索雅哈气田;以美国为首的深海钻探计划(DSDP,大洋钻探计划前身之一)开始实施
1971	苏联从麦索雅哈气田含气体水合物层中开采天然气
1972	美国在阿拉斯加北部利用加压桶首次从永冻层中取出包含气体水合物的岩心
1973—1975	特罗费姆克等预测了世界海洋气体水合物的资源量并提出了评价方法
1974	Stoll 等科学家在分析海底地震反射剖面时发现了拟海底反射(BSR)
1975	国际大洋钻探项目(大洋钻探计划前身之一)开始实施
1980	"戈洛马挑战者号"在布莱克外海岭发现了白色天然气水合物碎块

续表

时间/a	重 大 事 件
1982—1986	DSDP66、84、96 航次在太平洋大陆边缘、南墨西哥滨海带、中美洲海槽、危地马拉滨海带等地发现数处气体水合物
1983	美国地质调查局和能源部实施了阿拉斯加北部斜坡气体水合物研究项目
1985	荷兰科学家 Berecz 和 Balla-Achs 出版了 *Gas Hydrate* 一书
1988	大洋钻探计划（ODP）正式实施
1989	苏联出版《1983—1988 年天然气水合物文献索引》一书
1990	第 28 届国际地质大会会议论文集收录气体水合物文献；联合国召开了"石油地质与地球化学：发展中国家的问题与前景"的国际讨论会，气体水合物被列为一个讨论专题；中国科学院兰州冰川冻土研究所在实验室合成气体水合物
1991—1993	ODP 在太平洋西岸、美国西海岸、日本滨海、南海海沟等地发现气体水合物
1992	中国科学院兰州文献情报中心出版了《国外天然气水合物研究进展》
1993	加拿大地质调查局在马更些三角洲发现存在于永冻层的气体水合物；美国使用海底取样器在墨西哥湾发现 H 型结构气体水合物；首届国际天然气水合物会议在美国召开
1995	日本提出"气体水合物研究发展五年计划"；印度提出"国家勘探开发（1995—1999）计划"；ODP164 航次在布莱克海岭组织了专门的天然气水合物调查
1996	第二届国际天然气水合物会议在法国召开
1997	印度实施了气体水合物勘探计划
1998	中国正式以六分之一成员国身份加入大洋钻探计划；中国科学院科技政策局组织召开以"中国天然气水合物的研究开发前景"为主题的 21 世纪能源科学发展战略研讨会；中国科学院兰州冰川冻土研究所提出开展"青藏高原永久冻土层的天然气水合物"的研究工作；加拿大组织日本、美国等国的 25 位科学家参加陆地天然气水合物钻探和开发技术研究
1999	美国制定"美国甲烷水合物多年研究发展项目计划"，为 2015 年进行天然气水合物的商业性生产做准备；第三届国际天然气水合物会议在美国召开
2000	德国推出未来 15 年大型地学研究计划，"气体水合物：能源载体和气候因素"研究项目被列入该计划
2001	中国召开了主题为"天然气水合物研究现状及我国对策"的香山科学会议第 160 次学术讨论会
2002	加拿大 Mallik 地区实现了天然气水合的试开采
2006	在加拿大 Mallik 地区进行第二次天然气水合的试开采
2007	我国在南海神狐海域钻获了天然气水合物样品

第一阶段是从 1810 年 Davy 发现天然气水合物和次年对气体水合物正式命名并著书立说到 20 世纪 30 年代初。在这 120 年中，对气体水合物的研究仅停留在实验室，且争议颇多。

第二阶段是自 1934 年美国 Hammerschmidt 发表了关于水合物造成输气管道堵塞的有关数据后开始的。人们注意到气体水合物的工业重要性，从负面加深了对气体水合物及其性质的研究。在这个阶段，人们关注其组成、结构、相平衡和生成条件，研究主题是工业条件下水合物的预报和清除、水合物生成阻化剂的研究及应用。

从 20 世纪 60 年代至今，全球气体水合物的研究跨入了崭新的第三阶段，即把天然气水合物作为一种能源进行全面研究和实践开发的阶段。20 世纪 60 年代，特罗费姆克等发现了天然气的一个特性，即它可以以固态形式存在于地壳中。特罗费姆克等的研究工作为世界上第一个天然气水合物矿藏——麦索雅哈气田的发现、勘探与开发提供了重要的理论依据，大大拓宽了天然气地质学的研究领域。1971 年前后，美国学者开始重视天然气水合物的研究。1972 年在阿拉斯加获得了世界上首次确认的冰胶结永冻层中的天然气水合物实物。对天然气水合物矿藏成功的理论预测以及对天然气水合物形成带内样品的成功检测，被认为是 20 世纪最重大的发现之一。世界各地的科学家对天然气水合物的类型和物化性质、自然赋存和成藏条件、资源评价、勘探开发手段以及天然气水合物与全球气候变化和海洋地质灾害的关系等进行了广泛而卓有成效的研究。下面主要介绍 20 世纪 60 年代以来的研究历史。

1.3.1 20 世纪 70 年代以前研究进展

20 世纪 60 年代初期，苏联专家认为：在地层一定的热动力条件下（温度为 295 K，压力为 25 MPa）可以形成固态天然气水合物的天然气藏。有利于形成天然气水合物矿藏的地区占陆地面积的 27%，其中大部分分布在永冻区。20 世纪 60 年代中期，苏联在开发北极圈内的克拉斯雅尔地区的麦索雅哈气田时，在实践中第一次发现了天然气水合物矿藏，并于 1968 年开始了试采。他们利用降压和注入抑制剂的方法进行生产，断续地开采了近 17 年。其后，人们在美国阿拉斯加及加拿大的马更些三角洲等地区也相继发现了天然气水合物矿藏。与此同时，苏联科学家特罗费姆克通过理论计算首次作出了大洋底沉积物中可能存在天然气水合物矿藏的论断，并认为世界大洋中 90% 的海域都具备天然气水合物生成的有利压力和温度。在此期间，苏联、美国、德国、加拿大、荷兰等相继开展了天然气水合物的结构和热力学、动力学的研究。

美国学者直到 1971 年才提出"天然气水合物体（gas hydrate bodies）"的概

念。当时,美国科学家正在东海岸深入研究大陆边缘,从地震声呐探测记录中发现了沉积物隆起中反映局部海底地形的地震反射层,即"拟海底反射(BSR)"。Stoll 和 Bryan 等(1971)认为它与沉积物中的天然气水合物有关,后来在布莱克海岭进行的深海钻探发现,这种反射层(BSR)上部沉积物岩心释放出大量甲烷,证实了 BSR 与天然气水合物有关。目前,BSR 已成为推测天然气水合物存在的一个重要标志。20 世纪 70 年代初,在美国阿拉斯加北部的普拉德霍湾油田西部陆地上获得了世界上第一个天然产出的天然气水合物样品,人们从中进一步了解了这种物质。20 世纪 70 年代中期,人们认识到此种物质不仅存在于极地大陆的永冻层中,而且还分布于外部大陆架边缘深水沉积物的上部。海洋中天然气水合物的研究与海洋表层沉积物研究计划、深海钻探计划和后续的大洋钻探计划是分不开的。1974 年,苏联科学家 Yefremove 和 Zhizhchenk 在黑海 1 950 m 深处取样,在泥岩微孔隙中发现了似冰状甲烷水合物并对其进行了描述。1979 年在墨西哥湾进行深海钻探调查时,也发现了天然气水合物胶结的沉积物,并在大洋沉积物中分离出冰状固态天然气水合物,测定了分解后释放出的天然气体积。测定结果表明:由固态天然气水合物释放出的天然气体积是饱和状态下同体积水中溶解天然气体积的 5 倍多。由此证明,天然气水合物中聚集着大量的天然气,并且是以水合物的形式存在的。20 世纪 70 年代末,在中美洲海槽执行深海钻探计划时,从该海域钻探的 20 个海底钻孔中发现其中 9 个含有天然气水合物。由此,人们对水合物的研究兴趣倍增,拉开了大规模研究天然气水合物的序幕。这一时期的主要成果是:①认识到天然气水合物比等体积的游离状甲烷气体含有更多的甲烷;②明确了天然气水合物带地震反射以反射极性反转和大的垂向反射系数为特征;③提出了天然气水合物边界与海底滑塌、滑坡之间的可能联系,并在南非西部的大陆斜坡和洋隆处首次得到实证。

1.3.2 20 世纪 80 年代研究进展

从 20 世纪 80 年代开始,随着深海钻探计划(DSDP)和后来的大洋钻探计划(ODP)的相继实施,天然气水合物研究进入了全面发展的阶段。苏联通过地下取样和地震调查相继在黑海、里海、贝加尔湖、鄂霍茨克海等水域发现了天然气水合物并进行了区域评价。以美国牵头的深海钻探计划及后续的大洋钻探计划也相继在中美洲海沟陆坡、太平洋秘鲁海沟陆坡、大西洋布莱克洋脊、墨西哥湾、加利福尼亚北部海域、北海、日本近海、北大西洋的斯瓦尔巴尔特陆坡、尼日利亚近海等数十处地点发现了天然气水合物。20 世纪 80 年代初期,全球发现的天然气水合物矿藏已达 20 余处,实际采集到水合物样品的有 15 处,其中有 14 处分布在海洋中。同时,还开始运用除地震地球物理方法以外的多种测井方法(井径、伽玛、声速、电阻率及中子孔隙度等）对天然气水合物进行了研究，开创了该领域研究的新阶段。20世纪80年代中期，美国能源部和Morgentown能源及技术中心授权国际地质勘探者协会对全球24个地区的浅海天然气水合物赋存控制因素和开采储量进行研究。自20世纪80年代中期以来，随着大洋钻探计划的深入以及海底沉积物取样水合物和含水合物沉积物样品的增多，人们开始引入流体地球化学和同位素地球化学的方法开展天然气水合物的形成标志、赋存特征以及成矿气体来源等方面的研究，使得天然气水合物研究开始进入多学科、多方法的综合发展阶段。这一阶段的主要成果有：①通过同位素地球化学和流体地球化学的研究，查明了天然气水合物的成矿气体主要是由微生物引起的，明确了其结构特征取决于气体组成；②指出了天然气水合物的稳定性对大气中甲烷含量的影响；③开发出了三种开采天然气水合物的方法（注热法、降压法和注化学剂法）。20世纪80年代后期，各种天然气水合物的研究方法不断发展，人们对其认识更为深刻。这一时期的主要成果有：①对全球天然气水合物资源量有了基本一致的估算（相当于 $2.1 \times 10^{16} \sim 4.0 \times 10^{16} \, m^3$ 的甲烷）；②认识到天然气水合物是岩石圈浅部碳的主要储集体；③在挪威大陆边缘和英国哥伦比亚湾相继发现了与天然气水合物有关的海底滑坡和滑塌；④提出了全球气候变化对海底和极地天然气水合物的不同影响。

1.3.3 20世纪90年代研究进展

20世纪90年代以来，随着世界各国发现的天然气水合物矿藏的增多和人们对天然气水合物认识的进一步加深，天然气水合物的研究在世界范围内迅速扩大。除苏联、美国、德国、加拿大、荷兰等国外，日本、英国、挪威、印度和巴基斯坦等国也纷纷加入该项研究的行列，研究重点也转向了实用开发。尤其是日本和印度，都有数亿美元的资金投入。这一阶段，天然气水合物研究无论是方法还是深度都前进了一大步。在研究方法上，传统的天然气水合物研究主要借助于地震反射剖面上的异常反射特征，即拟海底反射（BSR）、空白反射带以及反射极性反转的识别来进行。20世纪90年代以后，在理论研究和探矿研究方面运用了一些新方法和新技术，包括固态水合物相的热力学测量、水合物的计算表征、地球物理方法、地球化学方法以及自生沉积矿物学法。在研究内容上，对天然气水合物的研究仍然集中在资源、环境和全球气候三个方面，但研究深度大大增加了。其中天然气水合物的成因、赋存、分布、海上勘探、开发、资源量估算、环境效应、地质灾害等是目前的主要研究内容。可以说，20世纪90年代以来，天然气水合物的研究进入了蓬勃发展的新时期。第一、第二届国际天然气水合物会议（分别于1993年和1996年在美国和法国召开）都曾把天然气水合物储存技术、分离技术以及地层甲烷水合物开发利用技术列为应引起关注的、很有前途的研究领域。

1999年在美国举办的第三届国际天然气水合物会议的主题是"水合物挑战未来"，可见有关水合物的研究内容已经更加广泛和深入。

20世纪90年代以来，一些发达国家成立了专门的机构并投入巨资，目的在于探明本国的天然气水合物资源和为开采进行准备。1995年，美国在国际大洋钻探计划（ODP）第164航次中，率先在布莱克海脊开钻了三口勘探井，首次有计划地取得了天然气水合物的样品。日本由于缺乏能源，对勘探和开发海底天然气水合物资源格外重视，成立了天然气水合物研究促进会，制定了1995—1999年的五年计划，基本完成了南海海槽天然气水合物的海上地球物理调查。加拿大于1998年组织日本、美国等国的25位科学家参加了陆地天然气水合物钻探和开发技术研究。1998年5月，美国参议院资源委员会一致通过"海底天然气水合物研究与资源开发计划"。2000年，美国专门就天然气水合物的研究与开发立法，并决定在其后的五年内投资4 750万美元用于有关天然气水合物的研究。21世纪的大洋钻探计划（ODP21）也将研究天然气水合物的形成机理作为主要的学术目标之一。印度针对本国能源不足的现状，在1996—2000年开展了寻找海底天然气水合物资源的专项研究，计划在孟加拉湾和阿拉伯海开展调查研究工作。2001年美国能源部支持四个国家重点实验室（Brookhaven、Lawrence Berkeley、Lawrence Livermore、Oak Ridge）开展了水合物研究，力图形成水合物勘探开发的相关技术。2001年2月，中国召开了主题为"天然气水合物研究现状及对策"讨论会。2002年3月，日本、美国等在加拿大西北部的Mallik地区用加热法开采天然气水合物的试验获得成功。2007—2008年，在同一地区又用降压法对天然气水合物进行了实验开采，并取得成功。

近10年来，世界各国的科学家相继开展了天然气水合物的调查研究和评价，在天然气水合物的基础研究方面取得了较大的进展，例如天然气水合物形成和分解的热力学、动力学实验研究、产出条件、分布规律、形成机理、勘探技术、开发工艺、经济评价及环境影响等，在世界范围内形成了一个天然气水合物研究的热潮。天然气水合物研究已经发展成为包括天然气水合物地质学、天然气水合物地球化学、天然气水合物区域工程地质学和天然气水合物地球物理调查以及天然气水合物与全球气候变化等在内的一门新兴学科。可以预料，在不远的将来天然气水合物可能成为人类的主要替代能源。

1.4 世界主要国家天然气水合物研究计划

1.4.1 美国天然气水合物研究计划

美国是开展海洋天然气水合物研究最早的国家，截至2006年已耗资近3亿美元（龙学渊等，2006）。20 世纪 60 年代，美国在墨西哥湾及东部布莱克海脊实施油气地震勘探时首次发现了拟海底反射（BSR）。1970 年美国在布莱克海脊实施了深海钻探（DSDP），证实了 BSR 上存在天然气水合物，BSR 是由天然气水合物层下部游离气引起的反射界面。之后，BSR 作为识别海洋天然气水合物的地震标志，被广泛地用于世界各海域的水合物调查。1979 年和 1981 年，美国在墨西哥湾及布莱克海脊再次实施了深海钻探，并取得了水合物岩心。1981 年，美国制定了甲烷水合物十年研究计划，投入 800 万美元开展天然气水合物基础研究。20 世纪 80 年代中期，美国能源部和 Morgentown 能源及技术中心授权国际地质勘探者协会，对全球 24 个地区的海洋天然气水合物赋存控制因素和可采储量进行研究。1981 年以来，美国还进行了气体（甲烷、二氧化碳、乙烷、丙烷）水合物的高压低温实验和模拟研究。1991 年，美国能源部组织召开了"美国国家气体水合物学术讨论会"。通过这次会议，人们对天然气水合物的了解越来越多，并掀起了水合物研究的热潮。1994 年，美国能源部制定了"甲烷水合物研究项目"。1995 年，美国借助大洋钻探计划（ODP）在其东部海域布莱克海脊实施了一系列深海钻探，探明天然气水合物资源量为 1.8×10^{10} t 油当量。受此鼓舞，美国总统科学技术顾问委员会（PCAST）在其 1997 年的《21 世纪能源研究和开发面临的挑战报告》中着重提出，由美国能源部化石能源办公室（DOE/FE）和工业地质调查局（USGS）、矿产管理服务中心（MMS）、环境保护机构（EPA）、海军部（NRL）制定一个科学计划来了解世界范围的甲烷水合物资源潜量。PCAST 建议在初始的 1999 财政年的支持经费为 500 万美元，2001 年增加到 1 100 万美元，2003 年增加到 1 200 万美元。美国能源部和其工业及学术顾问基于最后一年需要额外的知识的考虑，一致认为要完成任务目标需要制定一个 10 年内投资 1.5 亿~2 亿美元的研究计划。此外，美国参议院和众议院分别通过 S. 330 和 H. R. 1753 议案"1999 年甲烷水合物研究和开发草案"，促进对甲烷水合物资源的研究、识别和开发。天然气水合物计划主要用来评价美国海岸水域和全球水域天然气水合物的储量。事实上，天然气水合物的资源量非常大，是美国资源基数的 50~200 倍。另外，这项研究可能有助于以水合物形式从大气层中分离二氧化碳。

美国参议院于 1998 年通过决议，把天然气水合物作为国家发展的战略能源列入"甲烷水合物研究与资源开发利用"这一长远计划，每年投入 2 千万美元，能源部和美国地质调查局组织有关部门实施，要求 2010 年达到计划目标，2015 年进行商业性试采。该研究发展计划由资源特征评价、生产、全球碳循环、安全性和海底稳定性四大技术领域构成，各领域之间共同分享资料、理论概念和研究成果。另外，每一个技术领域的研究不是孤立和断续的，数据的收集、实验室研究、模拟以及野外验证将在同时和相互合作的过程中进行。具体内容如下：

1）资源特征评价

关键研究将涉及数据编辑以及野外和实验室研究，建立起必要的模型来了解和测量地质环境下的天然气水合物矿藏，以获得准确的甲烷资源量预测。这项工作将提供所有研究地区的资源特征、产量、海底稳定性和环境问题等信息。

（1）对已知水合物性质和分布地区等信息进行收集、研究。

（2）实验室研究，包括对大量已有实验室仪器的改进和开发必要的水合物测试设备。

（3）野外地球物理、地球化学和微生物研究。

（4）根据对水合物层形成、分解的物理化学性质的实验室测量结果建立模型。

（5）通过实验室估计、野外测试以及取样技术进行岸上和海上精细的资源评估。

（6）将水合物生产成本与其他能源生产成本进行比较，以确定其生产经济性。

（7）研制识别和测量水合物的地震、声纳和测井技术，研制可控的压力/温度取样仪器，开发用于海洋和陆地水合物的甲烷释放传感器和样品监测器。

2）生产

生产的目标是发展从海洋和永久冻土带水合物层中商业性生产甲烷所必需的方法和技术。这项计划将建立水合物生产所必需的基本科学信息，进行储层的工程和经济分析，开发和测试常规开采技术并评价新的开采技术。

（1）初步生产研究（近期）。研究的重点是降压法、注热法、注化学剂法等水合物开采技术的验证和矿场测试。包括建立在线数据库，进行物理过程模拟，描述水合物沉积和储层特征，还包括初期生产模拟和示范设计，初步商业化和新方法的评价。

（2）储层模拟和过程设计（中期）。研究的重点是进行水合物和游离气钻探准备工作，包括完善水合物钻井技术，建立野外测试模型，校准钻井和遥感数据。这项工作涉及选择井位、优化现场测试设计方案和测试仪器。同时进一步开展提高生产经济性的可能生产系统的详细研究。

（3）进行生产测试，对示范井和生产方案进行比较和评价（长期）。研究的重点是通过模拟证实和开发水合物商业开发技术，主要包括模拟模型的证实、示范井位潜在商业性评价、项目成果的评估。

3）全球碳循环

一方面，天然气水合物直接以甲烷或通过化学、生物氧化间接地以二氧化碳的形式自然释放，增加了大气层中的碳聚集。另一方面，这些资源可以提供额外的低碳燃料，可以降低大气层中温室气体的水平。天然气水合物在全球碳循环中的主要关注点如下：

（1）水合物分解的机理和过程（近期到中期）。寻求量化北美水合物矿体对全球气候扰动的敏感性，通过勘探估计全世界范围的水合物矿体的敏感性。这项研究将结合水合物资源特征评价的信息，确定导致水合物不稳定的机制和过程。具体包括分散水合物评价、站点监测、气候变化对水合物稳定性的影响、海底稳定性和圈闭游离气释放等。

（2）水合物中甲烷释放的影响（中期到长期）。通过观测和实验确定从天然气水合物中释放甲烷的演化过程。结合这些研究结果，建立或改进大气、海洋和海/气模型。主要包括海洋/大气层研究、生物研究以及大气层、海洋和气候模型的应用。

（3）地质记录中甲烷的释放（近期到中期）。以前，许多模拟大气层地质历史的实验中都未包括天然气水合物。该研究项目将考虑地史中天然气水合物对大气层中温室气体含量的影响，并利用这些信息估计水合物在当前和今后引起的全球变化情况。主要涉及现有数据资料的汇编、寻找反映天然气水合物存在的新标志、海洋和气候模型的应用。

（4）建立集成模型（长期）。这项工作将有利于对目前各种模型的研究，为水合物的全球碳循环提供更好的理解。人们可以从水合物研究和地质记录中获得准确的全球碳聚集和释放的数据资料，并与大气、气候、海洋和陆地模型相结合。

（5）减少温室气体（近期到长期）。天然气水合物中甲烷的利用具有降低碳排放的作用。甲烷开采后，可以在沉积层以水合物形式固定二氧化碳。同时，研究甲烷开采后对水合物层稳定性的影响。

4）安全性和海底稳定性

这项研究将与资源特征评价同时进行。初期重点是解决天然气水合物引发的安全性和海底稳定性问题。初期模型将在中期阶段结合初期的水合物实验及生产数据进行修改和完善。

（1）安全性和海底稳定性基础研究（近期）。包括初步确定海洋常规油气勘探、开发和运输中天然气水合物生成的风险因素。这一时期将收集用于模拟水合物生产的安全性和海底稳定性的数据。

（2）先进的安全性和海底稳定性模型设计（中期）。设计先进的模型并研制特殊的技术/工艺来减缓工业生产中出现的问题。

（3）安全性和海底稳定性防范技术的开发和矿场示范/测试（长期）。到目前为止，美国已经在其东南大陆边缘、俄勒冈外太平洋西北边缘、阿拉斯加北坡、墨西哥湾大陆边缘、密西西比峡谷等海域进行了天然气水合物调查，并绘制了美国海洋天然气水合物的矿藏分布图，评价了各矿区的资源量和开发潜力。

1.4.2　日本天然气水合物研究计划

日本岛周围的近海水域可能存在着大量的天然气水合物。日本对作为非常规天然气资源的天然气水合物寄予了巨大的期望。这首先是因为日本近海具有广泛的天然气水合物分布，其次是因为其潜在的储量可为日本提供稳定的能源供应。一旦天然气水合物能够实现商业性开发，将大大改善目前日本主要依赖国外石油与天然气资源的状况。日本天然气水合物的储量可以满足其100年的消耗。为了有效利用天然气水合物能源，实现商业性开发，确保能源的长期稳定供给，日本天然气水合物开发研讨委员会制定了甲烷水合物的开发计划。

日本的天然气水合物研究可简单地分为二个阶段：五年计划开始前与五年计划开始后，也就是1994年以前与1995年以后。五年计划开始前的20世纪80年代晚期，主要由日本地质调查所开展小规模的甲烷水合物研究，目的是调查日本周围海域水合物存在的可能性，其他工作通常是通过国际合作完成的。日本南海海槽的深海钻探31航次和87航次、大洋钻探131航次以及日本海的大洋钻探808孔均获取了水合物岩样，证实了水合物的存在。五年计划开始后，石油公团组织10家公司开展了东南海海槽调查与钻探工作，集中在水合物是否可成为将来能源这一主题上。而日本地质调查所与东京大学等单位的一些科学家还在其他项目的支持下开展了深入的研究工作。自1994年以来，日本地质调查所与东京天然气公司、大阪天然气公司、日本石油勘探公司合作进行了天然气水合物的基础研究。1997—1999年通产省的新能源产业技术综合开发机构（NEDO）还设立了以研究为主题的项目：天然气水合物资源化技术先导研究与开发。日本将主要精力集中在西南海海槽与东南海海槽的天然气水合物的勘查、钻探与研究。至今，日本已在这两个地区积累了丰富的地球物理（包括多道地震、高分辨率地震、深拖地震、海底地震仪观测、广角地震、"学院式"三维地震、高精度热流等）、钻探、深潜器、地质与地球化学方面的资料。这两个地区可以说是世界天然气水合物研究最合适的工区之一（其他两个为布莱克海脊与Cascadia大陆边缘）。这一阶段，国际合作更加广泛，有例行的日加（日本和加拿大）工作会议。

日本的21世纪甲烷水合物（MH21）财团成立于2002年3月，由30个研究单位共计250人组成。2001年在南海海槽进行了水合物2D地震调查，完成地震测线2 802 km；2002年1—3月进行了Mallik水合物开发试验；2002年在南海海槽进行了水合物3D地震调查，完成地震测线1 960 km；2003年1—5月在南海海槽进行了水合物钻探，钻井16口；2006—2008年进行了陆上水合物的二次开发试验。

日本海上水合物开发计划分三个阶段。第一阶段（2001—2006）的主要任务是确定南海海槽甲烷水合物富集区，准确评价其资源量，为第二阶段选择合适的生产开发井做前期准备。人们研究了深水区软地层中测试井钻探和完井技术，认识到水合物开发造成气体泄漏、海底变形以及地层中冰的形成。另外，探索了降低水合物分解率、提高水合物开发井的产量和采收率的方法。这一阶段还研究了甲烷气开发对环境的影响，调查了海底滑坡的特征和深水油气井的安全性。第二阶段（2007—2011）是进行海上开发试验工作，进行技术和经济评估。第三阶段（2012—2016）主要是完成商业开发的评估确认和经济评价。为了实现以上目标，需要确立以下重点研究课题。

1）甲烷水合物的开发对象

设想几种天然气水合物富集状态，包括赋存在砂层中的天然气水合物和富集在砂层以外地层中的天然气水合物。

2）甲烷水合物赋存海域的勘探与储量评价方法

（1）地震勘探，内容包括各种方法的探讨、对砂层的认识（包括深度、分布、层厚、特性）、对 BSR 的认识（包括深度、分布、特性）。

（2）其他地球物理勘探方法的研究。

（3）地球化学勘探，内容包括地层水分析、甲烷气调查（即海水中甲烷浓度调查）。

（4）钻井调查，内容包括钻探设备研究、套管钻探研究、物理测井研究、岩心取样研究。

3）甲烷水合物富集区的资源量评价方法

（1）利用各种勘探法进行精细勘探，内容包括地震勘探、其他地球物理勘探法、地球化学勘探。

（2）钻井调查。

（3）对甲烷水合物资源量各种评价法进行研究。

4）甲烷水合物的生产方法

（1）甲烷水合物分解法研究，内容包括降压法、注入温水法、温水循环法、注化学剂法、注蒸汽法以及不同种类气体注入法等。

（2）甲烷水合物层的物性研究，内容包括基本特性、室内实验、生产开发模拟以及气体采集方法。

5）甲烷水合物富集区的产出试验

陆上产出试验，内容包括第一次陆上现场开采试验、第二次陆上开采试验、日本周边海域的开采试验。

6）与海洋甲烷水合物开发相适应的环境影响评价方法

(1)甲烷水合物层开发对海底稳定性影响的评价方法。
(2)甲烷气产出时对钻井内外影响的评价方法。
(3)甲烷气产出对地层水影响的评价方法。
7)甲烷水合物富集区经济性评价方法
(1)甲烷水合物分解方法的选择。
(2)利用模拟对开采方式进行评价。
(3)钻探技术研究。
(4)海底生产系统的研究。
(5)海上处理设备的研究。
(6)环境影响评价方法的研究。
(7)甲烷水合物富集区经济性评价方法的研究。

1.4.3 韩国天然气水合物研究计划

韩国的天然气水合物研究始于1996年,最初的研究工作只集中在实验分析和基本信息收集(Park,2008)。初期的近海地震勘测之后,在2000—2004年,韩国地球科学和矿产资源研究院(KIGAM)使用大河2号考察船在日本海的郁龙(Ulleung)盆地进行了区域性地球物理和海洋地质调查,为确定日本海的天然气水合物储量提供了地质和地球化学的信息。拟海底反射(BSR)揭示出郁龙盆地的南部有大面积的水合物分布,其平均埋藏深度是海底以下187 m。自2000年以来,由KIGAM主持的国家天然气水合物研究计划已经在日本海地区获取了14 000 km的地震数据和大量的天然气水合物取样。根据初步研究的成果,为促进海域天然气水合物的研究,韩国政府(知识经济部,前商业、工业和能源部)成立了韩国天然气水合物研究开发组织(GHDO-K)。韩国的天然气水合物发展计划为期十年(2005—2014年),分三个阶段进行:①勘探区Ⅰ的勘探和开发;②郁龙盆地的勘探与开发;③开采测试。目标是在日本海进行精确调查,估计日本海天然气水合物的潜在储量,通过钻井来获取天然气水合物以及在日本海开展最优化的生产方法。到目前为止,为了证实以前圈出的水合物远景区,韩国天然气水合物研究开发组织在这些地区实施了高分辨率的二维和三维地震勘测,并通过海底以下40 m的深部取心,获得了诸如孔隙度、泥质含量等地质信息,用于估测本地区天然气水合物的精确储量。特别是在2007年,用活塞取样获取了日本海中部地区的甲烷水合物样品。

1996年,科学技术部和政府政策协调办公室资助的第一个天然气水合物研究项目由KIGAM组织实施。关于天然气水合物的基本信息就是从这个研究中获取的,用于测量天然气水合物平衡条件的研究仪器是由KIGAM研究人员设计和制造的。1997—1999 年，开展了针对天然气水合物勘探的海上二维地震普查。而同一时期在日本海实施的地球物理勘探主要针对大陆架区域的天然气资源。在大陆坡区开展的旨在对天然气水合物进行开发的深水勘探并没有引起注意。从 2000 年起，KIGAM 实施了由商业、工业和资源部（MOCIE，目前的知识经济部）以及韩国天然气公司（KOGAS）强力支持的天然气水合物研究计划。同时，除了 KIGAM 的水合物项目，韩国国家石油公司（KNOC）也在韩国大陆架石油勘探 6-1 区块实施了天然气水合物研究。而后，KNOC 通过与 KIGAM 签订合同获取了地震资料，以进行其自己的天然气水合物研究。2000—2004 年，韩国共进行了 14 000 km 的地震勘探和 38 个活塞取心工作。2003—2004 年，与加拿大地质调查所（GSC）、美国丹佛地质调查所合作开展了 BSR 分析。除地球物理勘查之外，还有关于天然气水合物的物性、相平衡测量、储层流体模拟、管道堵塞实验以及开发利用天然气水合物过程中需要的基本技术研究。2000—2004 年，勘查活动的成果包括获知日本海域的天然气水合物资源区的地质和地球化学特征以及天然气水合物的稳定带和潜在的资源量。

1.5 我国天然气水合物研究现状

与国外天然气水合物的研究进展相比，我国对天然气水合物的研究尚处于起步阶段。我国于 20 世纪 80 年代末开始关注天然气水合物，对国际上海底天然气水合物的勘探研究进行了技术跟踪和信息资料的收集，并与俄罗斯和德国等国家开展了不同程度的合作，取得了一定的研究成果。1990 年，中国科学院兰州冰川冻土研究所冻土工程国家重点实验室与莫斯科大学合作，成功地进行了天然气水合物的人工合成实验。20 世纪 90 年代以来，我国逐渐从综述性资料的翻译发展为对勘探开发技术资料的引进。国内将天然气水合物作为资源进行勘查的工作始于"九五"期间，大致包括前期调研阶段和目前的调查研究评价阶段。从 1995 年起，在中国大洋协会和原地质矿产部的支持下，我国先后实施了"西太平洋天然气水合物找矿前景与方法的调研"和"中国海域天然气水合物勘测研究调研"两项课题。1998 年，国家高技术研究发展计划（"863"计划）海洋领域"820"主题还启动了"海底天然气水合物资源探查的关键技术课题"，并在南海北部示范区初步试验了 BSR 处理技术以及我国当前技术条件下的地球化学、地热学研究方法。

1998 年，中国完成了"中国海域气体水合物勘测研究调研"的课题，首次对中国海域的天然气水合物成矿条件及找矿远景做了总结。同年 4 月，我国以六分之一成员国身份加入大洋钻探计划。1999 年 10 月，广州海洋地质调查局率先在南海北部陆坡区开展了天然气水合物的实际调查。我国天然气水合物的调查和研究区域主要集中在南海北部，并兼顾了东海海域以及南海的其他海域，调查的同时也开展了一些基础性的研究工作，并取得了大量的研究资料。国家能源部已经被授权组织有关政府部门、国家实验室、国家自然科学基金委、石油天然气公司和大学进行攻关，将"天然气水合物的研究"列为国家级研究开发计划，初步拨款 4 400 万美元，以进行资源勘查、开采和运输的研究。实施该计划的主要科研机构有：中国科学院兰州冻土所、广州能源所、地质科学院、国家土地资源部、中国石油大学（北京）、中国石油大学（华东）、华南理工大学和中国地质大学等。2001 年 2 月，在金翔龙院士和戴金星院士的倡议和推动下，召开了主题为"天然气水合物研究现状及我国的对策"的香山科学会议第 160 次学术讨论会。

从 1999 年 10 月起，广州海洋地质调查局对南海北部陆坡区进行的水合物的实际调查工作取得了一批重要的物化勘探成果，预测出了有意义的找矿远景区。同期，台湾大学等有关单位也相继发表了台湾西南部海域水合物地震调查的新成果，为加强对南海水合物的认识提供了可贵资料。对东海深水海域冲绳海槽的水合物成矿条件人们普遍看好。几年来，各有关方面的专家通过对该区地震、地热资料以及沉积物样品的重新处理与分析，就有关成矿远景的认识达成较为一致的看法。综上所述，我国对海底天然气水合物的研究还处于调查评价的前期阶段，虽已初步掌握了研究方法，并取得一些重要进展，但研究水平还较低，技术上还有较大差距。为此，有关方面在"十一五"期间继续对天然气水合物研究给予支持。

在国家科学技术部制定的"十一五"发展纲要中，天然气水合物的探索研究被列为能源领域的重点研究方向。国家高技术研究发展计划设立了天然气水合物课题研究，即"十一五"国家高技术研究发展计划（"863"计划）海洋技术领域重大项目"天然气水合物勘探开发关键技术"。其内容涵盖"天然气水合物的海底热流原位探测技术"、"天然气水合物模拟开采技术研究"、"天然气水合物流体地球化学现场快速探测技术"、"天然气水合物成藏条件实验模拟技术"、"天然气水合物矿体的三维地震与海底高频地震联合探测技术"、"天然气水合物钻探取心关键技术"、"天然气水合物的海底电磁探测技术"。国家 973 重点基础研究发展计划"南海天然气水合物富集规律与开采基础研究"就南海海域水合物勘探开发等重大基础问题开展了研究。

中国地质调查局在数年综合调查的基础上，于 2007 年 5 月在南海北部的神狐海域正式采集到了天然气水合物的实物样品，成为继美国、日本、印度之后第四个通过国家级研发计划采集到天然气水合物实物样品的国家。在南海发现天然气水合物的神狐海域成为世界上第24个采集到天然气水合物实物样品的地区，也是第22个在海底采集到天然气水合物实物样品的地区以及第12个通过钻探工程采集到天然气水合物实物样品的地区。在这次天然气水合物的钻探航次中，神狐海域约1 200 m的水深中的三个站位都采集到了天然气水合物的实物样品，它们在泥质沉积层中呈浸染状产出。此次成功获取天然气水合物的实物样品，展示了我国南海北部海域巨大的天然气水合物资源的远景，证实了我国有关的基础性地质工作成果的可靠性，也标志着我国天然气水合物调查研究水平跨入了世界领先的行列。

目前，我国的天然气水合物研究工作进入到海上实际区域调查和实验模拟阶段。

初步勘查表明，我国是世界上第三大冻土国，冻土区总面积达215万平方公里，具备良好的天然气水合物赋存条件和资源前景。尤其是青藏高原永久冻土带，可能埋藏着丰富的天然气水合物。2009年9月，我国在祁连山南缘永久冻土带成功钻获了天然气水合物实物样品，这是我国继2007年5月在南海北部钻获天然气水合物之后的又一重大突破，也是继加拿大于1992年在北美马更些三角洲、美国于2007年在阿拉斯加北坡通过国家计划钻探发现天然气水合物之后，在陆域通过钻探获得天然气水合物样品的第三个国家。图1.6为青海省天峻县木里镇祁连山南麓钻探现场，图1.7为工程技术人员正小心翼翼地取出钻探岩心。这一重大突破证明了我国冻土区存在丰富的天然气水合物资源，对认识天然气水合物成藏规律、寻找新能源具有重大的意义，同时也再次证明了我国天然气水合物的调查与研究正向国际领先水平迈进。

图1.6　青海省天峻县木里镇祁连山南麓钻探现场

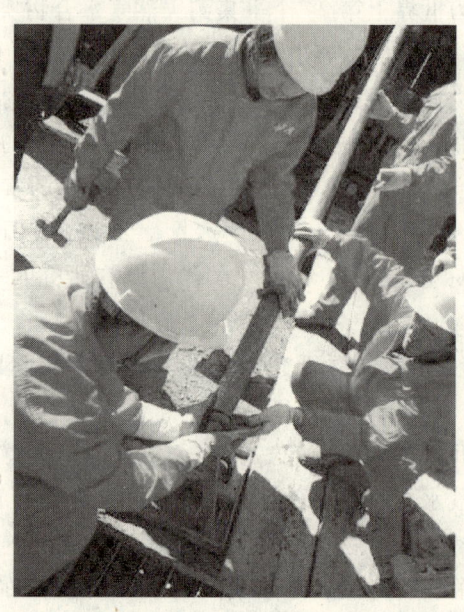

图 1.7 工程技术人员正小心翼翼地取出钻探岩心

虽然我国在天然气水合物领域的研究起步晚,但是已经取得丰硕的成果。随着研究的深入,天然气水合物资源勘查资金的投入也逐渐由单一的国家调研项目经费转变为由国家调查专项、国家"863"计划项目、"973"项目以及三大石油公司的勘查项目形成的立体、多层次的投入体系。研究单位既有国土资源部、国家海洋局、科技部等国家部委,又有中国科学院、地质科学院、中国地质大学、石油大学、同济大学、南京大学及青岛海洋大学等科研院所,还有中国海洋石油公司、中国石化及中国石油等公司形成的管理与科技队伍,这为我国天然气水合物资源产业的发展奠定了良好的基础。在广大科技工作者的共同努力下,我国将不断取得天然气水合物勘探开发技术的新进步,也会在国际天然气水合物研究的前沿领域占有一席之地,使我国成为天然气水合物勘探开发的科技大国。天然气水合物在我国未来的能源战略中将占有重要的位置。相信不久的将来就能在保证环境安全的同时顺利地开发和利用我国丰富的天然气水合物资源,为经济和生活的可持续发展提供清洁的替代能源,确保我国的能源安全。

第 2 章
天然气水合物的概念及性质

2.1 天然气水合物的概念

天然气水合物（natural gas hydrates）是在一定条件下由轻烃、二氧化碳及硫化氢等小分子气体与水相互作用形成的白色固态结晶物质（因可以燃烧，俗称可燃冰），是一种非化学计量型晶体化合物，或称笼形水合物、气体水合物。自然界中存在的天然气水合物中天然气的主要成分为甲烷（>90%），所以又常称为甲烷水合物。

天然气水合物可以看做是一类主-客体（host-guest）物质，水分子（主体分子）形成一种空间点阵结构，气体分子（客体分子）则充填于点阵间的空穴中。形成点阵的水分子之间靠较强的氢键结合，而气体分子和水分子之间的作用力为范德华力。笼中空间的大小与客体分子必须匹配，才能生成稳定的水合物。例如，氦气、氢气（直径小于 0.3 nm）因太小而不能形成水合物，但许多简单分子，例如单原子的氩、氪，双原子的氧气、氮气，轻烃、氯氟烃、硫化物等都能形成水合物。由于客体分子在空隙中的分布是无序的，不同条件下晶体中的客体分子与主体分子的比例不同，因而水合物没有确定的化学分子式，是一种非化学计量的化合物，可用 $M·nH_2O$ 来表示，其中 M 代表水合物中的气体分子（客体分子），n 为水合指数（也就是水分子数）。组成天然气的成分如甲烷、乙烷、丙烷、丁烷等同系物以及二氧化碳、氮气、硫化氢等可形成单种或多种天然气水合物。从结晶化学上说，甲烷水合物就是甲烷与水的笼形结构物。在标准状况下，甲烷气与甲烷水合物的体积比为 164∶1，也就是说单位体积的甲烷水合物分解可产生 164 个单位体积的甲烷气体（标准状态下），因而是一种重要的潜在能源。

宏观上，天然气水合物多呈白色或浅灰色，是一种晶体，有的呈分散状胶结沉积物颗粒，有的以结核状、弹丸状和薄层状的集合体形式赋存于沉积物中，还可能以细脉状充填于沉积物的裂隙之中。

2.2 天然气水合物的结构形态

迄今为止，已发现的天然气水合物结构类型主要有三种，即 I 型结构、II 型结构和 H 型结构，如图 2.1 所示（Sloan，2003）。

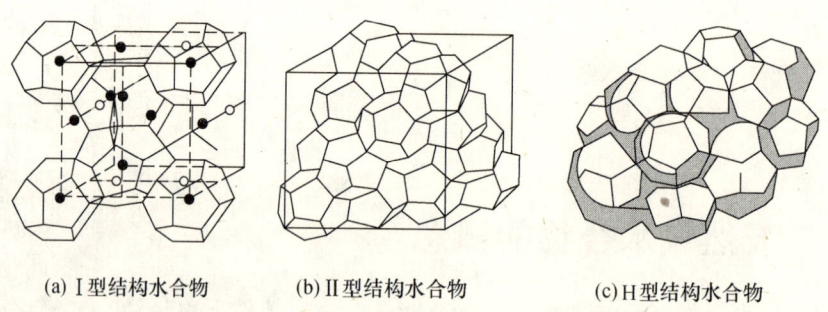

(a) I 型结构水合物　　(b) II 型结构水合物　　(c) H 型结构水合物

图 2.1　天然气水合物立方笼型结构图

I 型结构为立方晶体结构，包含 46 个水分子，由 2 个小空隙和 6 个大空隙组成。小空隙为五边形十二面体（5^{12}），大空隙是由 12 个五边形和 2 个六边形组成的十四面体（$5^{12}6^2$），结构如图 2.2 所示。5^{12} 空隙由 20 个水分子组成，其形状近似为球形，$5^{12}6^2$ 空隙则是由 24 个水分子所组成的扁球形结构。对于 I 型结构的水合物，当所有空隙都被客体分子所占据时，理想分子式为 $8M \cdot 46H_2O$（或 $M \cdot 5.75H_2O$），式中 M 表示客体分子，5.75 称为水合数。I 型结构在自然界中分布最为广泛，但仅能容纳甲烷（C_1）、乙烷（C_2）这两种小分子的烃以及氮气、二氧化碳、硫化氢等非烃分子。

II 型结构为菱形晶体结构，包含 136 个水分子，由 8 个大空隙和 16 个小空隙组成。小空隙也是 5^{12} 空隙，但直径略小于结构 I 的 5^{12} 空隙。大空隙是包含 28 个水分子的立方对称的准球十六面体（$5^{12}6^4$），由 12 个五边形和 4 个六边形所组成，结构如图 2.2 所示。对于 II 型结构的水合物，当所有空隙都被客体分子所占据时，理想分子式为 $24M \cdot 136H_2O$（或 $M \cdot 5.67H_2O$）。II 型结构除包容 C_1、C_2 等小分子外，较大的"笼子"（水合物分子中水分子间的空穴）还可容纳丙烷（C_3）及异丁烷（$i-C_4$）等烃类。

H 型结构为六方晶体结构，包含 34 个水分子，单晶中有三种不同的空隙，3 个 5^{12} 空隙，2 个 $4^35^66^3$ 空隙和 1 个 $5^{12}6^8$ 空隙，结构如图 2.1c 所示。$4^35^66^3$ 空隙是由 20 个水分子组成的扁球形的十二面体，$5^{12}6^8$ 空隙则是由 36 个水分子组成的椭球形的十二面体，结构如图 2.2 所示。对于 H 型结构的水合物，当所有空隙都被客体分子所占据时，理想分子式为 $6M \cdot 34H_2O$（或 $M \cdot 5.67H_2O$）。其大的"笼子"甚至可以容纳直径超过异丁烷（$i-C_4$）的分子，如$i-C_5$和其他直径在 7.5~8.6 Å 之间的分子。H 型结构水合物早期仅见于实验室，1993 年才在墨西哥湾大陆斜坡发现其天然形态。Ⅱ型和 H 型水合物比Ⅰ型水合物更稳定。除墨西哥湾外，在格林大峡谷地区也发现了Ⅰ、Ⅱ、H 型三种水合物共存的现象。

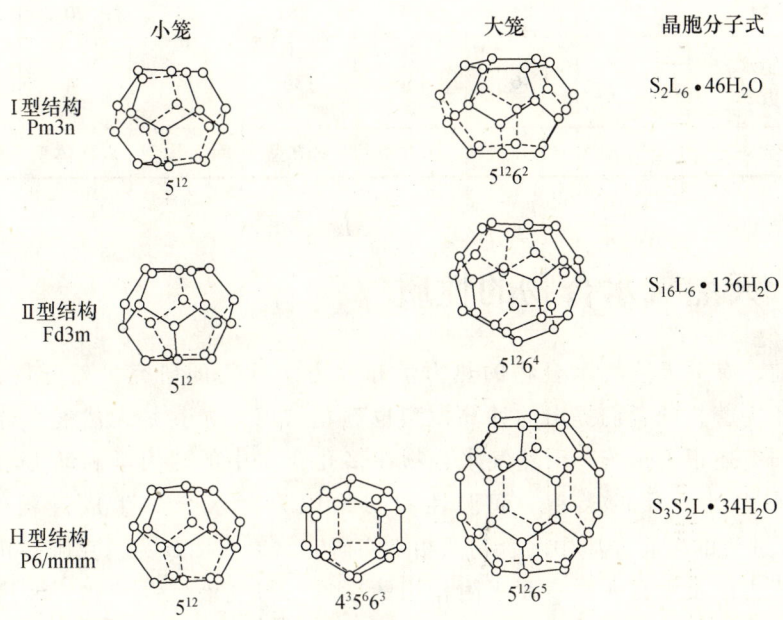

图 2.2　天然气水合物空隙的结构

天然气水合物中，客体分子在主体水分子所形成的笼形空隙中的分布是无序的，只有当客体分子达到一定的空隙占有率时水合物晶体才能稳定存在。客体分子的空隙占有率通常随水合物生成条件的变化而变化，但其变化规律比较复杂。通常，客体分子在大空隙中的占有率大于小空隙中的情形，大空隙的占有率往往超过 0.9 甚至接近于 1。至于形成哪一种水合物晶体结构，主要由客体分子的大小决定，另外也受客体分子形状、是否有辅助成晶气体等因素的影响。Ⅰ、Ⅱ和 H 型水合物的晶体结构参数如表 2.1 所示（孙志高等，2001）。

表 2.1　天然气水合物的结构

项　目	Ⅰ型		Ⅱ型		H 型		
晶种类	小晶穴	大晶穴	小晶穴	大晶穴	小晶穴	中晶穴	大晶穴
晶穴结构	5^{12}	$5^{12}6^2$	5^{12}	$5^{12}6^4$	5^{12}	$4^35^66^3$	$5^{12}6^8$
晶穴数目	2	6	16	8	3	2	1

续表

项　目	I 型		II 型		H 型		
晶种类	小晶穴	大晶穴	小晶穴	大晶穴	小晶穴	中晶穴	大晶穴
晶穴平均半径/(10^{-10} m)	3.95	4.33	3.91	4.73	3.8	3.85	5.2
配位数	20	24	20	28	20	20	36
单位晶胞水分子数	46	46	136	136	34	34	34
晶体结构	立方型	立方型	立方型	立方型	六面体型	六面体型	六面体型

2.3 天然气水合物的性质

目前，有关天然气水合物的热力学和动力学性质的研究虽然开展得较多，但是都不完善，学者们提出的计算模型也五花八门，尤其是天然气水合物动力学特性研究还很不完善。天然气水合物在多孔介质中的热力学和动力学研究主要集中在多孔介质的类型、润湿性和初始压力对水合物生成过程的影响。Makogon进行的多孔介质中水合物的相平衡研究结果表明，为了克服多孔介质中的表面张力以及水在介质表面吸附作用的影响，与气液体系相比，天然气水合物的生成需要更低的温度或更高的压力。Yousif 和 Bondarev 在岩心及多种介质上对水合物生成及分解的研究中也得到了相似的结论。以下对天然气水合物的热力学和动力学性质作简单的描述，各类具体模型的建立和计算可参阅相关文献。

2.3.1 天然气水合物的热力学性质

对气体水合物结构的了解是研究水合物组成、相平衡热力学的基础，也是从微观进行反应动力学特性研究的基础。天然气水合物是一种由水分子、碳氢分子组成的结晶状固态络合物。结晶体以紧凑的格子构架排列，与冰的结构非常相似。水合物结构中作为客体分子的碳氢气体填充在水分子晶体格架中，两者在低温和一定压力下通过范德华作用力稳定地结合在一起。天然气气体成分的不同，所形成的晶体结构也不相同。表2.2给出了天然气水合物与冰的物理性质的比较。下面分别概述天然气水合物的导热率、比热容、分解热、吸附热等热力学性质（黄文件等，2004）。

表 2.2　天然气水合物与冰的物理性质比较

项　目	冰	水　合　物	
		I	II
晶格直径（0 ℃）/(10^{-10}m)	4.52	11.97	17.14
体积热膨胀系数/K^{-1}	1.5×10^{-4}	1.5×10^{-4}	1.7×10^{-4}
等温杨氏模量（-5 ℃）/(10^9Pa)	9.5	8.4	8.2
泊松比	0.33	0.33	0.33
绝热体积压缩系数（0 ℃）/(10^{-11}Pa)	12	14	14
纵向声速/(km/s)	4.0	3.8	3.8
水晶格焓值（0 ℃与气体比较）/(kJ/mol)	-51.01	-50.2	-50.2
晶格能量（0 K）/(kJ/mol)	-47.3	略低于冰	略低于冰
剩余熵（0 K）/[J/(K·mol)]	3.43	略低于冰	略低于冰
密度（0 ℃）/(g/cm³)	0.912	甲烷：0.910 乙烷：0.951	丙烷：0.833 i-丁烷：0.892

1. 导热率

天然气水合物的导热率是确定自然界中天然气水合物的沉积厚度、开采方法以及开采方案的关键性数据。由于天然气水合物组成结构的各向异性以及水合物中夹带水分的可能性，使其导热率的变化相当复杂。通常，测量导热率有稳态和非稳态两种方法。Stoll 和 Bryan（1979）曾采用非稳态测量方法对天然气水合物的导热率进行了测量。他们在实验中先把温度探头伸入到处理好的水合物中，然后在温度探头两端加上电压对探头加热，通过改变探头的电压得到导热率与探头温度的变化关系，从而得到导温系数，进一步得到导热率。通过测量 273.15 K 条件下的丙烷水合物后发现，其导热率仅为 0.393 W/(m·K)［此条件下冰的导热率为 2.23 W/(m·K)］。

Cook 和 Leaist（1983）采用稳态平板法对水合物导热率进行了测量，试验结果表明，不同结构的水合物的导热率都很接近，其值在 0.393 W/(m·K) 左右。随后 Ross 和 Andersson 等通过测量发现，氧杂环戊烷水合物在 100 MPa、270 K 的条件下的导热率为 0.53 W/(m·K)，而相同条件下冰的导热率为 2.2 W/(m·K)。

虽然密度、温度、压力等条件对水合物的导热率也有影响，但研究证明，天然气水合物的导热率主要与密度有关，在密度为 400～600 kg/m³ 时其关系近似于经验方程式（2.1）。在实验温度范围内，水合物导热率随温度的升高而变小，在压力为 10 MPa 时，密度为 400 kg/m³ 的天然气水合物的导热率与温度 T 的关系近似于经验方程式（2.2）。随着压力的升高，天然气水合物导热率也在增加，当温度为 243 K 时，密度为 650 kg/m³ 的天然气水合物的导热率与压力的关系为式

(2.3)。由式 (2.1)、式 (2.3) 可知，水合物的导热率随密度和压力的增大而增大，但是密度和压力对导热率的影响很小，例如密度增加 100 kg/m³，导热率仅增加 0.083 W/(m·K)。由式 (2.2) 可知，导热率随着温度的升高而降低，这对于水合物的存储是相当有利的。尽管在很多物理性质上水合物和冰具有较多的一致性，但从上述实验结果可以看出，单组分气体水合物的导热率要比冰的导热率小得多，而与一般的隔热材料相当。从实际应用角度来讲，用水合物方式储存天然气具有相当好的稳定性和安全性。

$$\lambda = -0.21 + 8.33 \times 10^{-4} \rho \tag{2.1}$$

$$\lambda = 0.897 - 2.67 \times 10^{-3} T \tag{2.2}$$

$$\lambda = 0.237 + 1.1 \times 10^{-8} P \tag{2.3}$$

2. 比热容

用实验的方法确定水合物的比热容主要存在以下两个问题：一是天然气水合物的蒸汽压随着温度的升高而升高，如果水合物的压力小于蒸汽压，水合物就要分解，这样测得的比热容要比实际值大得多；二是很难确定实验中所使用的天然气水合物是否是纯净的，如果水合物中含有冰颗粒，则实验测得的比热容就是水合物与冰综合作用的结果，如果温度高于冰点温度，冰就会融化成水，而水的比热容要比水合物大得多。

目前有三种方法可以用来测量水合物的比热容和分解热。Handa (1986) 等用改装后的 Tian-Calvet 量热计测量了甲烷、乙烷、丙烷以及异丁烯的水合物的比热容和分解热。在比热容实验中量热计的压力要比相同条件下的分解压力大得多，这样才能保证水合物不会分解，从而保证测得的比热容不含有分解热。在实验的最后，使量热计的温度保持在 273.15 K 可以确定水合物中冰的含量。Handa (1986) 在数据处理中把冰折合成水合物计算，最终的实验结果如图 2.3 所示。

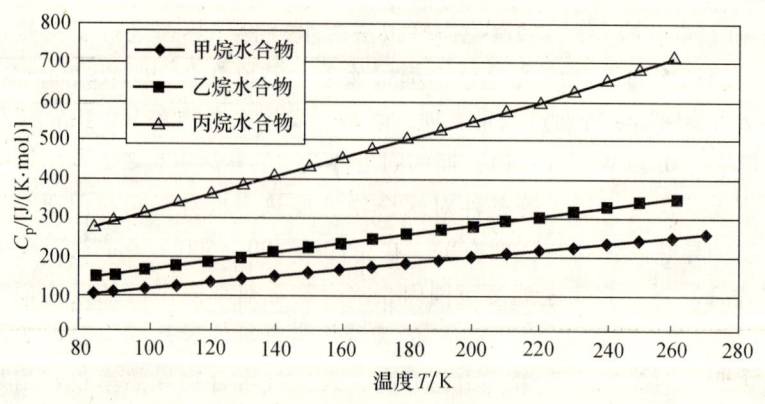

图 2.3 等压热容与温度的关系

在实验基础上，Handa（1986）提出了适用于甲烷、乙烷和丙烷的水合物的摩尔比热容与绝对温度的拟合计算式（2.4），其中 a、b、c、d 为常数，其值见表 2.3。根据此式，可以计算不同温度下的天然气水合物比热容值。

$$C_{p,m} = a + bT + cT^2 + dT \tag{2.4}$$

表 2.3 Handa 模拟公式中的常数

种 类	T/K	a	b	c	d
甲烷	85~270	6.6	1.453 8	$-0.364\ 0 \times 10^2$	$0.631\ 2 \times 10^5$
乙烷	85~265	22.7	1.871 7	$-0.535\ 8 \times 10^2$	1.076×10^5
丙烷	85~265	-37.6	4.860 6	-1.625×10^2	3.291×10^5

从 Handa 得出的实验结果可以看出，天然气的组成对天然气水合物比热容的影响是不同的。与甲烷水合物和乙烷水合物相比，在相同的温度下，丙烷水合物的比热容最大。单一成分水合物的比热容与温度呈正比例关系，但是其斜率很小。对于自然界的天然气水合物，其主要组成是甲烷水合物，从图 2.3 中可以知道甲烷水合物的比热容很小，而且受温度的影响也比较小。从实际应用角度来看，只需要少量的热量就可以使天然气水合物分解，说明应用天然气水合物是非常便利的。

3. 吸附热

水合物的形成是水分子先以氢键结合成笼形结构，天然气分子再进入笼形结构的吸附过程。吸附过程是一个气体凝聚的过程，天然气分子由分散态到凝聚态，降低了吸附质分子的自由度，因而表示系统紊乱程度的熵减少。同时，吸附也意味着气体在固体表面凝聚，降低了固体表面的自由焓。吸附过程是放热过程，由于气体形成水合物条件上的差异，不同的天然气水合物其吸附热也各不相同。表 2.4 为对天然气水合物的不同组分分别进行研究时得出的吸附热值（John，1984）。

表 2.4 不同气体分子的吸附热

客体分子	结 构	吸附热/(kJ/mol)
硫化氢	Ⅰ	-30.5
甲烷	Ⅰ	-23.8
乙烷	Ⅰ	-33
异丁烷	Ⅱ	-37.2
丙烷	Ⅱ	-40.5

4. 分解热

水合物的分解是吸热反应，吸热量的确定关系到如何开采和利用水合物。但由于天然气水合物形成压力高、形成水合物的纯度不易确定等原因，水合物分解热不易直接测量。在气相存在的情况下，可以用 Clausius-Clapeyron 方程沿 $P-T$ 相平衡线计算各个摩尔生成焓。其公式如下：

$$\frac{\mathrm{dln}P}{\mathrm{d}(1/T)} = \frac{\Delta h^f}{ZR} \tag{2.5}$$

式中，R 为气体常数；P 为温度为 T 时的分解压力；Z 为平衡的气相压缩因子。假设水与甲烷的分子数之比为 6.15∶1，分解温度为 285 K，可以通过 $P-R$ 方程求出压缩因子 Z，进一步应用 Clausius–Clapeyron 方程求出甲烷水合物的分解热为 54.67 kJ/mol。

Handa（1986）等用量热法对水合物的分解热进行了测量，并给出了几种常见气体水合物的分解热，如表 2.5 所示。从表中可以看出，在一定的温度范围内水合物的分解热是个常数，甲烷水合物的分解热与 285 K 时的理论值的误差为 8.9%。随后 Rueff 等也用量热法对甲烷水合物的分解热进行了测量，发现甲烷水合物在温度为 285 K 的条件下的平均分解热为 55.48 KJ/mol，与理论值的误差仅为 0.35%。虽然 Rueff 所用的测量温度范围与 Handa 等所用的区别很大，但其结果误差仅为 0.35%，这就表明水合物分解热和温度的关系不大，而主要与形成水合物的天然气的类型有关。

表 2.5 Handa 对天然气水合物分解热的测量结果

气体种类	T/K	分解热/(kJ/mol)	
		H ↔ I + G	H ↔ L + G
甲烷	160～210	18.13 ± 0.27	54.19 ± 0.28
乙烷	190～250	25.70 ± 0.37	71.80 ± 0.38
丙烷	210～260	27.00 ± 0.33	129.2 ± 0.4
$(CH_3)_3CH$	230～260	31.07 ± 0.20	133.2 ± 0.3

注：H 表示水合物；I 表示冰；G 表示气体；L 表示液体。

天然气水合物的热物理性质是水合物研究的基础，是开采和利用水合物的重要数据。不难发现，现有的研究多局限于单组分气体水合物，如甲烷水合物、乙烷水合物、丙烷水合物等。作为混合气体的天然气水合物来讲，其热物理性质应当是这些组成气体的综合结果。在现有研究的基础上，如何在已知水合物的气体组成的情况下，建立和分析不同组分天然气水合物的热物理性质的理论是一个值得探讨的问题。而且，地层中的天然气水合物都是在储层孔隙空间内，因此在耦合了储层岩石、流体物性之后，天然气水合物的性质就更加难以量化。

有关学者测定了水合物和冰的热力学性质以及含水合物和冰的土壤和岩石的热力学性质，如表2.6所示，结果表明，水合物及其充填的分散介质的导热率和温度传导率大大低于冰的所测值，但比水的要高一些。据此可以认为，热方法既可以用于陆上天然气水合物矿藏的普查和勘探，也可用于海洋沉积中天然气水合物矿藏的普查和勘探。

表 2.6　含水、冰、水合物的砂岩热力学性质

介　　质	密度 $\rho/(kg/m^3)$	导热系数 $\lambda/(W/m \cdot K)$	比热容 $C/(KJ/kg \cdot K)$	热扩散系数 $\alpha/(10^{-6} m^2/s)$
水	1 000	0.55	4.19	0.13
冰	920	2.3	2.04	1.22
天然气水合物	600	0.62	2.04	0.51
干砂	1 400	0.24	0.77	0.22
泥砂（20 wt%）	1 800	2.1	1.1	1.06
孔隙中的含冰砂（20 wt%）	1 800	3.2	0.83	2.14
孔隙中的含水合物砂	1 800	1.8	0.83	1.2
气干砂岩	2 100	1.72	—	—
含冰砂岩（18 wt%）	2 300	3.10	—	—
含水合物砂岩（18 wt%）	2 300	2.16	—	—

2.3.2　天然气水合物的动力学性质

目前，国内外有关天然气水合物在多孔介质中的动力学研究还很有限。总体说来，天然气水合物动力学包括生成动力学与分解动力学。目前动力学研究主要集中在实验测试方面，预测水合物生成或分解的理论模型还不成熟，误差较大。

Christiansen 和 Sloan（1993）评论了笼形水合物生成的机理和动力学研究，比较一致地认为：当非极性分子溶于水中时，它周围的水分子将有序排列形成不稳定的簇团（labile clusters），它的存在可由溶解时熵的变化和高的热容得到证明。簇团是不稳定的，但对水合物的生成有重要的作用。簇团内非极性分子相互吸引，产生"增水键合"，从而聚结成团。这种聚结体的簇团互成平衡。在它们没有达到某个聚结临界值之前，可以增大或缩小；当达到或超过此临界值时，则形成水合物的核。其假设的机理如图 2.4 所示。

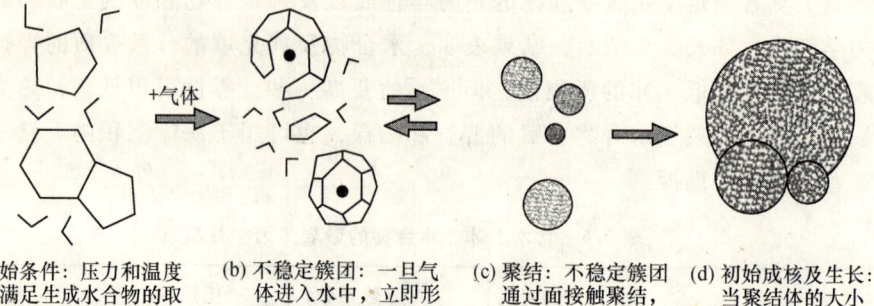

(a) 初始条件：压力和温度均满足生成水合物的取值范围，但没有气体分子溶于水

(b) 不稳定簇团：一旦气体进入水中，立即形成不稳定簇团

(c) 聚结：不稳定簇团通过面接触聚结，从而增加无序性

(d) 初始成核及生长：当聚结体的大小达到某临界值时，晶体开始生长

图 2.4　水合物形成的机理

因此可以认为，水合物生成过程类似于结晶过程，包括成核、生长两个阶段。水合物成核是指形成临界尺寸、稳定水合物核的过程；水合物生长是指稳定核的成长过程。晶核的形成比较困难，一般都包括一个诱导期，而且诱导期具有很大的不确定性。当过饱和溶液中的晶核达到某一稳定的临界尺寸，系统将自发进入水合物快速生长期。整个过程如图 2.5 所示。

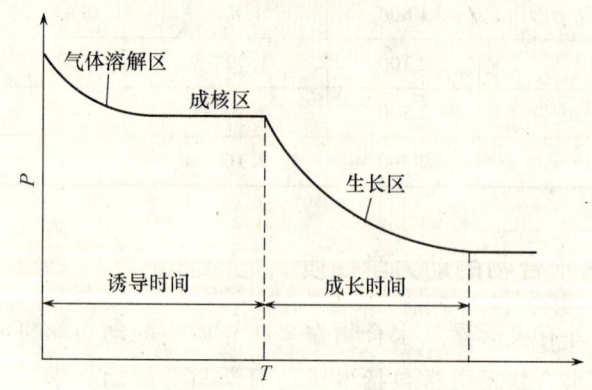

图 2.5　水合物生成的动力学示意图

郭天民等在综合研究国内外的动力学模型后，提出了以下水合物生成和分解的动力学模型。

1) 双过程水合物成核动力学机理模型

该模型认为水合物的成核过程中同时进行着两个动力学过程：

（1）准化学反应动力学过程。气体分子和水络合生成化学计量型的基础水合物。

（2）吸附动力学过程。基础水合物存在空隙，一些气体小分子吸附于其中，导致整个水合物的非化学计量性。

与 Long 和 Sloan（1996）的观点相类似，郭天民等认为在第一个过程中溶于水中的气体分子与包围它们的水分子形成了不稳定的分子束，分子束的大小取决于气体分子的大小，一种分子只能形成一种大小的分子束。而不同的是，Long 和 Sloan 认为由于水合物中有大、小两种不同的孔，因此这些分子束有一部分需转化为另一种大小的分子束以后才能开始缔合成核，这一转化需要较大的活化能，从而导致水合物的成核诱导期较长。而该模型认为这种转化并不需要，因为分子束实际上是一种多面体，它们在缔合过程中为保持水分子的四个氢键处于饱和状态，不可能做到紧密堆积，缔合过程中必然形成空的包腔，称其为连接孔，这也就是水合物中的另外一种与上述分子束大小不同的孔。这一过程可以由式（2.6）的化学反应来描述

$$H_2O + \lambda_2 G \rightarrow G_{\lambda_2} \cdot H_2O \tag{2.6}$$

式中，G 表示客体（气体分子）；λ_2 为基础水合物中每个水分子所包络的气体分子数，对于结构Ⅰ，$\lambda_2 = 3/23$，对于结构Ⅱ，$\lambda_2 = 1/17$。在吸附过程中，溶于水中的气体小分子（如氩、氮气、氧气、甲烷等）会进入连接孔中。但这一过程并不一定会发生。由于连接孔的孔径较小，较大的气体大分子（如乙烷、丙烷、正丁烷、异丁烷等）不会进入其中。即使是较小的气体分子，也不会占据百分之百的连接孔，因此用 Langmuir 吸附理论来描述气体分子填充连接孔的过程较为合理。

2）甲烷水合物的分解动力学模型

水合物的分解涉及气体、水和固体水合物，温度、压力、水合物粒子表面积和分解推动力等对固体水合物的分解速率都有很大的影响。水合物分解过程可分为两个步骤：

（1）水合物粒子表面的笼形格子结构的解构，这一过程可以由下面的化学反应来描述：

$$G_{\lambda_2} \cdot H_2O \rightarrow H_2O + \lambda_2 G \tag{2.7}$$

（2）客体分子表面的解吸过程。水合物分解发生在固体表面，而不是固体内。分解过程为吸热过程，并假定分解过程中固体粒子保持恒温。随着分解的进行，水合物粒子数减少，气体在固体表面产生，产生的气体进入主体气相。

假定反应容器中气体的物质的量随着气体水合物的分解而增加，则气体由水合物释放的速率为

$$v = -\frac{dn^H}{dt} \tag{2.8}$$

式中，n^H 为水合物中气体的物质的量，单位为 mol；t 为分解时间，单位为 min。

由于分解数据是在搅拌情况下采集的，排除了质量传递的影响，因而可以假定固体表面的气体逸度等于气体在主体气相中的逸度，并可进一步假定主体水相

与粒子表面的传热阻力可以忽略，粒子温度实际上等于水的温度。因此，水合物的分解速率可以表示为

$$r^H = -\frac{dn^H}{dt} = k'n^H \tag{2.9}$$

式中，当 $t=0$ 时，$n^H = n_0^H$，n_0^H 为水合物中气体的总物质的量，单位为 mol；k' 为表观分解速率常数，单位为 min^{-1}，它可用来校正水合物粒子表面积的影响。

对上式积分可得

$$\frac{n^H}{n_0^H} = \exp(-k't) \tag{2.10}$$

由上式可知，气体水合物的分解反应在三相共存条件下可看作一级反应。

由于分解压力低于该温度下粒子的三相平衡压力，因而可假定分解速率正比于推动力，此处的推动力为气体在三相平衡压力下的逸度与固体表面气体的逸度之差。水合物分解推动力为 $f_e - f$，表观速率常数 k' 与 $f_e - f$ 呈线性关系，可表示为

$$k' = k(f_e - f) \tag{2.11}$$

式中，k 为速率常数，单位为 $min^{-1} \cdot MPa^{-1}$；f 和 f_e 分别为固体表面气体的逸度与气体在三相平衡压力下的逸度，单位为 MPa。

总之，虽然国内外许多学者对天然气水合物动力学进行了一系列实验研究，但是还很不成熟。水合物动力学研究分为宏观动力学和微观动力学两大类，水合物形成过程的微观机理非常复杂，实验测试较为困难。目前许多国家已相当重视水合物的动力学研究，该方向将是今后天然气水合物研究的热点和重点。

3）沉积物中天然气水合物的形成和分解

Kono 等（2002）在接近真实自然界条件下的压实沉积物中进行了水合物的形成和分解实验。整个反应器包括甲烷供气系统、沉积物成型系统、水合物生成和分解速率测量系统。反应器体积为 188 cm^3，用不锈钢制成。在柱状压实床反应器的中间有一个热偶极子，用以测量温度，在反应器的两端测量压力，可以将一定量的沉积物和蒸馏水加入到反应器中进行反应。系统中有一个不锈钢制的泄压阀，以确保高压气体的安全性，所有的管线都是由不锈钢（SS304）制成的。甲烷气体的纯度为 99.90%，从反应器的底部经过一个高压调节器和针阀进入反应器。水合物分解装置包括依次连接的两个针阀、气流稳定设备、水池以及分解气体接收装置。

该实验首先在一容器内把一定量的沉积物和蒸馏水混合后装入反应器中，然后，用冰水混合物把反应器的温度降到热平衡温度 273.5 K。冰水混合物装在绝热很好的塑料制品中，其体积要远大于反应器的体积，因此可以认为是恒温的。达

到热平衡以后，通入高纯度的气体。水合物的形成压力为 6.8~13.6 MPa，温度保持在 273.5 K。

影响水合物形成的主要因素有：初始压力、温度、水饱和度、压实床的表面积和体积之比（比面）。水合物生成反应是甲烷气浓度的一次方，即

$$-\frac{dn_{CH_4}}{dt} = k_f n_{CH_4}^{n^*} \tag{2.12}$$

式中，n^* 为水合物形成过程的阶数，从实验的数据可知，$n^* = 1$。

水合物的分解速率依赖于开始压力、温度、孔隙率，即

$$k_{decomposition} = F(P_d, T_d, \varepsilon_{bed}) \tag{2.13}$$

式中，p_d、T_d、ε_{bed} 分别为压力、温度和孔隙度。分解反应速率可以用以下方程表示：

$$\frac{dn_{CH_4}}{dt} = k_f n_{CH_4}^{n^*} \tag{2.14}$$

式中，n^* 为水合物分解反应的总阶数，其值为 1 或者 0；速率常数 k_f 仅代表整体反应速率，包括传热、传质的影响。

2.4 天然气水合物的相平衡研究

天然气水合物相平衡的研究着眼于天然气水合物平衡生成条件的实验测定及其预测。相平衡测定是天然气水合物研究的基本手段，为天然气水合物的开采和应用提供基本的物性数据。

2.4.1 天然气水合物相平衡的实验研究

天然气水合物相平衡的实验研究实际上就是测定其平衡生成条件，即温度和压力的平衡曲线。随着耐高压和透明材料的出现以及相关实验测定技术的发展，天然气水合物的实验测定装置及实验方法也在不断地改进。天然气水合物相平衡的实验研究主要集中在以下方面，具体体系的相平衡条件可参阅相关文献。

1. 含醇类体系

Song 和 Kobayashi (1989) 测定了甲醇和乙二醇对甲烷和乙烷混合水合物生成条件的抑制作用。Ross 和 Toczylkin (1992)、Breland 和 Englezos (1996) 测定了丙三醇对甲烷、乙烷和二氧化碳水合物的抑制作用。Svartas 和 Fadnes (1992) 测定了有关甲醇抑制剂的数据。Ng 和 Robinson (1985) 首次报道了甲烷、乙烷、丙烷、二氧化碳或硫化氢四元体系及某合成天然气混合物在甲醇水溶液中的水合物相平衡的实验测定数据。

2. 含电解质水溶液体系

气体在含电解质水溶液中生成水合物的平衡条件是目前水合物实验研究中较活跃的方向。以 Bishnoi 为首的研究小组在这方面进行了大量而系统的实验工作（Englezos 和 Bishnoi，1991；Dholabhai 等，1991；Dholabhai 等，1996）。另外，Englezos 和 Ngan（1993）、Englezos 和 Hall（1994）测定了丙烷及二氧化碳水合物在盐水溶液中的生成条件。

3. 既含醇类又含电解质的水溶液体系

迄今为止，有关在既含醇类又含电解质的水溶液体系中进行水合物生成条件实验的报道极少，仅知道 Dholabhai 等（1996）测定了二氧化碳水合物在甲醇 + NaCl、甲醇 + $CaCl_2$ 以及甲醇 + KCl 水溶液中的生成条件。目前，人们已向地层中注入化学剂来分解天然气水合物，因而地层孔隙中的水溶液往往含有醇类和电解质。对既含醇类又含电解质的水溶液体系中水合物相平衡的实验研究将是今后的重要研究方向之一。

4. 含二氧化碳或硫化氢体系

Adisasmito 和 Sloan（1992）测定了二氧化碳和烃的混合水合物的平衡条件。Carroll 和 Mather（1991）评价了硫化氢 – 水体系的水合物平衡条件。Dholabhai 等（1996）测定了甲烷和二氧化碳水合物在电解质水溶液中的平衡条件。

5. 含可生成 H 型水合物的大分子体系

自 1987 年 Ripmeester 等发现新的 H 型水合物结构以来，研究者们已对其做了较多的实验研究。Lederhos 等（1992）首次报道了四个温度下甲烷 + $C_{14}H_{16}$ + 水体系 H 型结构水合物的生成压力。Danesh 等（1993，1994）测定了甲烷 + 苯 + 水、甲烷 + 甲基环戊烷 + 水以及氮气 + 甲基环戊烷 + 水三个体系的水合物相平衡数据。Mehta 和 Sloan（1993）测定了甲烷 + 液态烃体系生成 H 型结构水合物的相平衡数据。Mehta 和 Sloan（1994）又测定了甲烷 + 液态烃（石蜡、环烷烃和烯烃）体系生成 H 型结构水合物的平衡条件。可以预料，H 型结构水合物的相平衡实验测定也是今后的重要研究方向之一。

2.4.2 天然气水合物相平衡的判定标准

由于天然气水合物生成过程中存在一个较长的诱导期，因而目前公认的天然气水合物相平衡条件的判定标准为：首先在较高压力和较低温度下使水合物大量生成，然后降低压力或升高温度使水合物晶体分解。当实验体系中仅有微量的水合物晶体时，保持体系状态不变。若经过 4 ~ 6 h，体系温度和压力仍恒定不变，且体系中仍有微量水合物晶体存在，则可将此时的温度和压力看作该体系水合物的平衡生成条件。

2.4.3 天然气水合物相平衡的测定方法

天然气水合物相平衡测定方法主要有三种：观察法、图形法和质量分析法。

测定水合物相平衡条件的最成熟的技术就是通过视窗直接观察压力釜内水合物的生成与分解，即直接观察法。观察法是水合物相平衡测量中最常用的一种方法，现有文献中的气体水合物相平衡数据大多都是采用观察法测量的。运用观察法测量水合物相平衡要求反应釜是透明材料（如蓝宝石）制作的，以便观察水合物的形成和分解，确定水合物在某条件下的相平衡数据。观察法测量相平衡的判断准则是：在高于预期的水合物生成温度下，将装有水的釜和一定组成的气体加压至工作压力，然后将釜封闭并进行搅拌、冷却，直至观察到水合物形成。由于水合物生成过程中会在亚稳态保持相当长一段时间，所以要使水合物尽快生成，就应将体系温度降至远低于预期的平衡温度。水合物一旦生成，就慢慢升温（约 0.2 K/h），至釜内仅有微量水合物时停止升温。使体系稳定 4~6 h，若温度和压力保持恒定，釜内仍有微量水合物晶粒存在，则此时的温度和压力即为水合物生成的平衡条件。这种方法有个非常显著的优点，就是可以直接观察到釜内的相变，但是它的工作压力受可视釜所能承受压力的限制。另外，在接近或低于冰点时，很难区分冰相和水合物相。另外，此方法所需的实验时间很长，一般每个点需要 5~20 h。

图形法是 20 世纪 50 年代发展起来的一种测量水合物相平衡的研究手段，分为定压、定容和定温三种。该方法保持三个参数（P、V、T）中某一参数不变，改变其余两个参数中的一个，使水合物形成/分解。例如定容实验，可降低反应釜中的温度，使它低于相平衡温度，形成水合物，同时反应釜中的压力由于水合物的形成而下降。接着缓慢地提高反应釜中的温度（可分几步进行，每一步都应有充裕的时间使其达到平衡），使反应釜中的水合物完全分解，则 $P-T$ 图中的水合物分解结束点（交叉点）即为水合物的相平衡点，如图 2.6 所示。

1）定温测量

在水合物相平衡定温测量过程中，反应釜中的温度保持不变，通过增加/降低反应釜中的压力使水合物形成/分解，压力的增加/降低可通过改变反应釜中气体量或气体容积来实现。通过改变反应釜中气体量的方法来调节压力不能用于多组分系统，因为在改变气体量的过程中可能会改变气体的成分。

2）定压测量

定压法就是在相平衡测量过程中保持反应釜中的压力不变，水合物的形成/分解通过增加/降低反应釜中的温度来实现。压力的保持可通过改变反应釜中的气体量来实现,也可通过改变反应釜的容积来实现。同样,通过改变反应釜中气体量的方法来保持压力不能用于多组分系统。

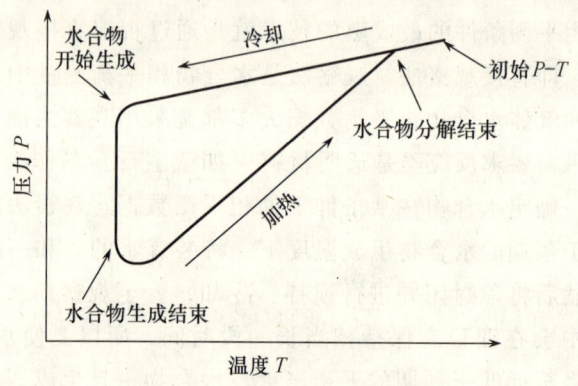

图 2.6　水合物形成/分解的 $P-T$ 图

3) 定容测量

定容法即在水合物相平衡测量过程中保持容积不变,通过增加/降低压力或温度来实现水合物的形成/分解。

图形法可通过计算机数据采集系统记录并存储天然气水合物形成/分解过程的压力、温度参数,绘制天然气水合物形成/分解过程图,减少了人为的误差,较为客观。对一些可视性差、不易观察的体系(如油系统)只能用图形法测量,但对无气相的体系只能用观察法测量水合物的相平衡条件。

质量分析法是将分子筛用水饱和并使之在抽成真空的釜内结冰。然后将气体增至所需压力,使其生成水合物。水合物的生成通过样品质量的增益来监测。缓慢升温促使水合物分解以便逐渐趋于平衡。质量下降停止时的温度和压力即为水合物生成的平衡条件。这种方法把温度范围扩大到水合物能生成的任何温度,因此可用于水合物生成速率很慢、温度低于冰点的情况。

2.5　天然气水合物物性的测试技术

实验室内采用的天然气水合物实验分析技术包括样品的保存与处理方法、水合物含气量的测定、气体与同位素的分析、水合物稳定性的 $P-T$ 条件等(刘昌岭,2008)。以下简述了几种典型分析仪器(如 X 衍射仪、拉曼光谱仪、核磁共振仪)在水合物研究中的应用,内容涉及水合物结构、成分和同种性的鉴定以及水合物的分解行为等。

2.5.1 天然气水合物样品的处理与保存

要想获得实际天然气水合物的物性参数，必须具备天然气水合物样品的处理和保存技术。实际上，天然气水合物的处理与保存在野外就开始了，对水合物样品小心谨慎地进行处理是实验室工作的一部分。除非采用保压取样器获取水合物样品，否则尽管水合物具有自保护效应，其分解仍是不可避免的。由于水合物的分解是从岩心的外层开始的，因此，最佳选择是将岩心内部的水合物作为样品保存起来。为了鉴定水合物的特性，可将沉积物岩心直接放入液氮中冷冻并尽快运到实验室中。如果要将整个沉积物的结构都完好无损地保存下来，则需要更加高精的技术手段。经过多年的努力，目前对野外取得的海洋天然气水合物进行特性鉴定在技术上是可行的。Lu 等（2008）对水合物特性的室内鉴定技术进行了归纳，如图 2.7 所示。

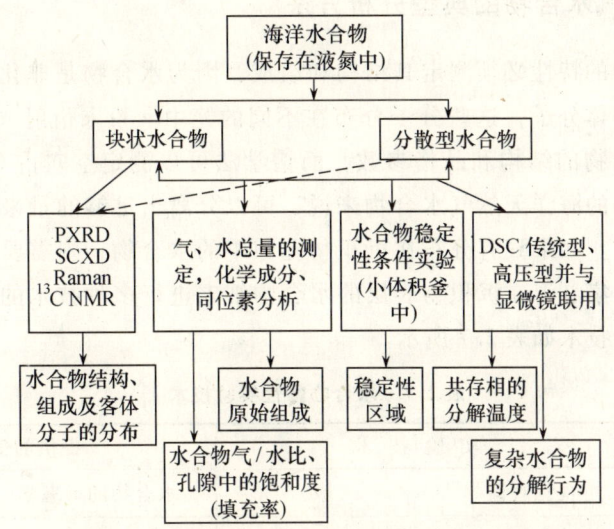

图 2.7　天然气水合物样品的室内分析技术框图
PXRD 为粉末 X 光衍射；SCXD 为单晶 X 光衍射；Raman 为拉曼光谱；
^{13}CNMR 为 ^{13}C 核磁共振；DSC 为差分扫描热量计

2.5.2 天然气水合物含气量的测定

1. 定性法

当获得的岩心运达实验室时，首先用肉眼或显微镜观察这些保存在液氮中的样品，通过外观可将水合物分为块状、结核状、脉状等，视其在沉积物中的分布情况，可以大体判断水合物的丰度。如果水合物是以分散的形式存在于沉积物的孔隙中，肉眼是不可见的，可通过投放少量样品到水中，以"冒泡"的方法来确定水合物是否存在,并通过释放气体的多少来估计水合物的含量,但此法只能作为辅助方法。

2. 定量法

如果样品的量足够多,则可以定量地测定水、气体和沉积物固体的含量,进而可以得到水溶液饱和度。确定水合物的结构以后,就可以得出水转化为水合物的量。一般来说,测定含气量有两种方法:一种是野外现场所广泛采用的重量法,即通过测定水合物分解前与分解后样品重量的变化得到气体的含量;另一种方法是在实验室内采用的容积法,即通过准确地测定水合物在真空条件下分解的体积得到气体的含量。在开始实验前,必须除掉水合物表层吸附的气体,例如水合物在液氮中保存时所吸附的氮气。一般来说,可将水合物放入一个小体积的釜中,并在120 K左右抽成真空,就可除去其表层吸附的气体,而水合物不会分解。

2.5.3 天然气水合物的典型分析方法

研究水合物的特性必须测定其结构和组成,因为水合物是非化学计量的,可以包含不同的客体分子,这些分子分布在不同的笼中。粉末衍射(通常为X光)技术可提供水合物的结构和晶格参数,而谱学法可以测定空穴占有率和含气量。对大多数已获得的海洋天然气水合物来说,可以分离出足够的量来进行几种不同技术的测定研究。如果只有分布在沉积物孔隙中的水合物,则需要在液氮中将沉积物粉碎,并采集悬浮在沉积物表层的水合物细末进行多种技术的研究。水合物物性测量的实验技术如表2.7所示。

表2.7 水合物物性实验技术

序 号	实 验 技 术	提供的信息
1	视觉观察	水合物的形态学
2	冒泡实验	水合物存在与否
3	在小压力釜中的程序升温分解法	$P-T$稳定性曲线
4	将3中收集的气体进行同位素分析	气体组成、气体来源
5	沉积物中水含量	孔隙饱和度
6	沉积物颗粒或孔隙大小	
7	总气体量的测定	对水转化为水合物的暂时估计
8	粉末X光衍射法	水合物结构、晶格参数
9	单晶X光衍射法	水合物结构及成分
10	拉曼光谱法	水合物样品成分的异源性

续表

序 号	实 验 技 术	提供的信息
11	核磁共振光谱法	水合物结构及组成、笼占有率
12	5~11 的结果	水合物总量、水转换率
13	差分扫描热量计法	水合物热分解性质
14	高压热量计-质谱联用法	水合物热分解及分解气的鉴别、野外条件的模拟

1. X 光衍射法

粉末 X 光衍射法是确定水合物结构、提供晶格参数等信息的最有效的手段。Takeya 等的研究表明，在一些假设条件下，X 光衍射法也可以得到简单水合物（通常指一个笼中不多于一种客体分子）的笼占有率。在某些特定的自然条件下，可以在沉积物的岩心中找到水合物的单晶，利用单晶可以准确地测定水合物的结构及晶格参数。通常，自然条件下生成的 I 型甲烷水合物晶体的纯净度 R 值比实验室合成的甲烷水合物晶体好一个数量级，这可能是由于在漫长的地质年代中天然水合物晶体的瑕疵被消除了。如果有很微量的成分进入水合物笼或存在混合相时，则在 X 光衍射图谱的解释中需要仔细从噪声中分辨出痕量组分的信号。利用粉末 X 光衍射法在压力釜中对水合物进行原位测定，不仅能测定水合物的生成，也可以测定水合物的分解过程。日本的产业技术综合研究所的 Ebinuma 等研制了一套实验装置，用 X 射线 CT 监测岩心中水合物分解时产气、产水的变化，探讨了分解行为的特点及其与不同生产方法（降压法、注热水法）的关系。

2. ^{13}C 核磁共振

固体核磁共振（SNMR）在研究水合物特征的所有谱学技术中具有突出的地位，它对分子环境及动力学过程具有高灵敏度，能够提供准确和定量的数据。^{13}C 核磁共振（NMR）和拉曼光谱技术都可以用来提供水合物的结构和笼占有率。核磁共振仪价格昂贵，操作相对复杂。NMR 技术在本质上就是定量测量，因为它是记录一定类型的转子的转数，每种转数对应着特定的化学位移。总体而言，NMR 给出的是总样品的平均值，通常需要几十至几百毫克的样品。核磁成像（MRI）技术目前也被应用到水合物研究中。Steven 等用该技术观测到粗砂中自由水及气体被转换为水合物固态的过程，并且监测了用二氧化碳取代甲烷的过程。

3. 拉曼光谱技术

拉曼光谱能够准确地测定水合物中不同笼气体分子的拉曼振动强度，且拉曼强度与分子的数量成正比。由于水合物中不同类型笼子的大小不同，气体分子与组成笼子的水分子之间作用力不同，因此在不同笼中分子的拉曼位移是不同的。由于Ⅰ型水合物的大笼（$5^{12}6^2$）数量是小笼（5^{12}）的3倍，Ⅱ型水合物的大笼（5^{12}）数量是小笼（$5^{12}6^2$）的1/2，所以，对甲烷水合物来说，从测定的拉曼谱图上的大、小笼的峰值就可以判断其属于何种类型。相对来说，拉曼光谱较难解释，拉曼强度主要依赖于拉曼散射的交叉部分。这意味着，用拉曼光谱进行定量分析必须要用另外的技术（如NMR）来校正。另一方面，拉曼光谱测定的是水合物表面几微米直径的局部，对天然的水合物进行定点分析，可以提供水合物样品的同质性。最近，Schicks等（2010）用拉曼成像技术研究了ODP311航次的Ⅰ型水合物，主要气体为甲烷，并含有少量的硫化氢，研究结果表明，硫化氢既可存在于甲烷/硫化氢水合物中，也可孤立地存在于硫化氢水合物中。

拉曼光谱研究结果表明，在Ⅰ型水合物中小笼生成的速度快，Schicks等（2010）针对这个现象进行了研究。Liu等用激光拉曼光谱研究了不同粒径的沉积物中甲烷水合物的结构特征和分解行为，结果表明，水合物的笼占有率不受沉积物粒径大小的影响；水合物分解行为与沉积物的粒径有关，粒径越小，水合物分解越快，而且随着粒径的减小，水合物的大笼出现先分解的趋势。

4. 其他新技术的应用

差分扫描热量计（DSC）可以通过水合物分解过程中的热输入变化来提供水合物的热学性质。水合物在分解过程中气体的逸出会导致水合物样品的质量和热容量的改变，但DSC技术很难对其分解热进行定量测定。尽管如此，通过比较不同样品（天然的或人工合成的水合物）的分解热曲线，还是可以对水合物的性质进行有效的了解。Lu等（2008）的实验表明，纯甲烷水合物与硫化氢水合物的分解热曲线完全不同，它们具有不同的稳定性。对于天然的水合物样品，尽管它们所含的硫化氢不到百分之一，但这些痕量组分可以造成水合物样品的分解热曲线有很大的不同。

Nagao等用扫描共聚焦显微镜（CMS）观察了甲烷与乙烷水合物分解时表面冰粒及薄层的变化，实验温度范围为237~267 K。他们发现，当温度为237 K时，甲烷水合物分解形成许多小冰粒覆盖于水合物表面；温度在253 K以下时，小冰粒形态基本不变；当温度高于262 K时，冰粒变成冰被包裹于甲烷水合物的表面，阻碍甲烷水合物的进一步分解。此实验结果可部分解释水合物分解的自保护机制，同时也说明了丙烷水合物、二氧化碳水合物没有自保护效应的原因。

Sum等使用原子力显微镜（AFM）测量了金表面的疏水力与温度的关系函数，获得了生成薄水层的熵变，并利用该结果提出了水合物生成的新模型。Dobbs等使用中红外（MIR）技术监测了水合物的生成与分解，每个实验周期为

21 d。该技术还可用于沉积物中水合物的监测，一些基质（如粗油、矿物等）的干扰很小，这使得研制第二代傅里叶红外技术用于海底环境的原位观测很有希望。

日本的 Jin 等用 X 射线成像技术和原位近红外（NIR）技术观测了从冰到氙气水合物的生成过程。氙气水合物快速、非均质地在冰的表面生成，并逐步扩散。在光滑的冰表面内部，很难观察到氙气水合物的生成，而在有裂纹粗糙的冰表面内部，可以观察到水合物的生成。

第3章 天然气水合物成藏及特征

3.1 天然气水合物成藏模式

理论预测，全球90%的海域存在着天然气水合物，但实际上到目前为止，只在有限的海域中发现了天然气水合物，例如美国的布莱克水合物脊、加拿大的外海Cascadia大陆边缘、墨西哥湾、北加利福尼亚外海、日本的Nankai海槽、中美洲的危地马拉外海、俄罗斯的黑海、里海、Okhotsk海、Barents海、挪威近海以及西非大陆边缘等。随着勘查技术的不断进步，会有越来越多的天然气水合物储存地被发现，但是理论预测和实际情况的不完全一致性却是一个不争的事实。

目前认为，拟海底反射（BSR）是指示天然气水合物产出的最好的间接标志，但地震BSR并非总是与天然气水合物相对应，例如在天然气水合物产出的情况下有时并没有BSR显示，而某些有BSR显示的地方却没有发现水合物。另外，沉积物孔隙水中氯离子浓度的降低往往指示着天然气水合物的存在，但有时也并不是这样，甚至相反，例如"水合物海岭区（hydrate ridge）"天然气水合物产出层段沉积物孔隙水中的氯离子浓度反而出现升高的现象。这些标志或异常现象均未与天然气水合物建立起严格的必然联系。

在世界范围内已知的或由BSR等间接指标所指示的天然气水合物在垂直方向和水平方向上的分布十分不连续且不均匀。一些科学家认为，这种分布的不均匀性可能受流体来源和沉积物属性的控制，或者受到气体及流体来源与流量变化、岩石学属性和特征、地质构造和古海洋环境、微生物活动等因素及应力的控制与影响，但是，具体是由何种因素控制着天然气水合物成藏并不十分清楚。在不同地质因素控制下天然气水合物具有不同的成藏地质模式，各地区的地质构造环境和天然气水合物成藏所需的条件均有不同。这些模式仍需要得到天然气水合物具体产出特征的检验，有待于进一步的系统研究。国外学者分别从成藏机理、成藏气源和成藏动力学角度，建立了相应的成藏地质模式，但这些模式仅仅强调了某一方面因素对成藏的影响，并未考虑多种地质作用以及物理、化学因素对成藏的综合影响。我国学者也提出了扩散型和渗漏型两种概念型天然气水合物成藏模式，但这些模式仍需要得到天然气水合物具体产出特征的检验。

目前为止，正如 Dickens（2003）所指出的那样，对于甲烷是如何产生，如何传输，又是如何在沉积层中形成天然气水合物的，我们还知之不多。虽然科学家已经从不同角度注意到形成天然气水合物的烃类气体从哪里来（如原地、下部或深部）、经过了何种作用（如扩散或对流作用等）、如何在天然气水合物稳定带中形成天然气水合物等过程，也曾注意到烃类气体供应问题、断裂通道及烃类流体运移问题、岩层和构造对天然气水合物产状与分布影响或控制问题的重要性，并就其中的某一或某些方面单独开展过研究，但尚没有将三者作为一个有机整体在时空尺度上开展系统的研究，即缺乏对天然气水合物成藏过程的系统认识，缺乏对天然气水合物成藏要素匹配关系的研究。卢振权等（2008）从地质系统论角度出发，尝试提出天然气水合物成藏系统的概念，分别从烃类生成体系、流体运移体系、天然气水合物成藏富集体系对天然气水合物成藏过程进行探讨。成藏系统思想已逐渐成为天然气水合物研究的趋势。卢振权提出的"天然气水合物成藏系统"概念包括烃类生成体系（如烃类气体供应问题）、流体运移体系（如断裂通道及烃类运移问题）、成藏富集体系（如岩层和构造对天然气水合物产状与分布控制问题），它们代表了天然气水合物从形成到保存的地质作用过程以及地质要素的组合。

1. 烃类气体生成体系

根据相图和前人的研究，合适的地温梯度、底水温度、压力条件、气体组成、孔隙水盐度等是形成天然气水合物的基本要求。Xu 等（1999）还认为，只有当溶于流体中的甲烷过饱和时（超过甲烷在海水中的溶解度）且甲烷流量超过其对应的甲烷扩散传输速率临界值时才能形成天然气水合物。虽然有时由于局部水分供应不足而未能形成天然气水合物，但是甲烷等烃类气体的供应是形成天然气水合物的关键。

在甲烷等烃类气体最初来源的问题上，有人认为，它们或者由沉积物中的有机质转化而来，或直接来源于深部的游离气。因此，一般认为形成天然气水合物的甲烷等烃类气体主要有两种成因：一种是生物成因，另一种是热解成因。此外，还有人认为形成天然气水合物的甲烷可能来自火山热液流体。但实际上人们讨论更多的是生物成因或热解成因，并且习惯上将生物成因与原地提供相互等同，将热解成因与深部运移联系在一起。形成天然气水合物的烃类气体大多是由这两种成因混合而来，只是这些甲烷来源的相对重要性目前还不是很清楚。在布莱克脊和秘鲁大陆边缘区，天然气水合物稳定带内沉积物中的总有机碳（TOC）的平均含量较高（1.5%~3%），这些有机质足以经生物成因转化为甲烷而为天然气水合物的合成所用。但是许多证据表明，甲烷从微生物产气带进入天然气水合物稳定带时存在着向上和侧向的运移作用，如布莱克脊天然气水合物分布区。

在 Cascadia 大陆边缘区、日本南海海槽区以及智利三联点区，天然气水合物稳定带内的沉积物中总有机碳的平均含量均较低（分别为 <1%、约 0.5% 和 <0.5%），显然由这些有机碳经生物成因转化的甲烷不足以形成天然气水合物，深部甲烷来源应是这些天然气水合物中甲烷成分的一种主要供应机制。近年来，科学家还注意到天然气水合物与其下部的游离气藏、气体储集体或油气储集体等之间可能存在着联系，例如分别在 Cascadia "水合物海岭"区、秘鲁近海利马盆地、智利三联点区、墨西哥湾、挪威大陆边缘 Storegga 区、加拿大马更些三角洲和阿拉斯加北坡等识别出天然气水合物稳定带下部存在过压力的游离气藏、气体储集体或油气储集体，这可能为天然气水合物的研究提供一种新的思路。因此，浅部微生物成因来源和深部热解成因来源的烃类气体及其供应量构成了天然气水合物成藏系统的烃类生成体系。

1）微生物成因

微生物成因的烃类气体主要是通过厌氧菌在海底消化有机碎屑而形成的，冲刷到海湾或洋底中的动物、植物等有机物碎屑被这种细菌吃掉，在消化过程中，伴随着二氧化碳、硫化氢、丙烷和乙烷的形成而产生大量的甲烷。这些气体向上迁移，并不断溶解于海底沉积物的孔隙水中。当洋底的温度、压力条件适合时，即达到一定的高压和低温条件，天然气水合物就形成了。另外，在天然气水合物层下还经常储集着大量的游离甲烷气体。微生物成因气体主要形成 I 型结构的水合物。

海底微生物产生甲烷气时主要有以下两种途径（吴后波等，2008）：

（1）厌氧细菌通过直接分解埋于地层深处的动植物遗骸等有机物而产生甲烷气。这一过程中存在种类繁多、关系复杂的微生物区系，参与的微生物总体上可分为两大类，即包括硫酸盐还原菌（sulphate-reducing bacteria, SRB）、硝酸盐还原菌（nitrate reducing bacteria, NRB）等在内的非产甲烷菌（non methanogen）和产甲烷菌（methanogen）。甲烷的产生需要一个复杂而连续的微生物学过程，是这个微生物区系中各种微生物相互平衡、协同作用的结果。这两大类微生物的相互关系包括非产甲烷细菌和产甲烷细菌之间的相互关系、非产甲烷细菌之间的相互关系、产甲烷细菌之间的相互关系。其中，非产甲烷细菌和产甲烷细菌之间的相互关系最为重要。非产甲烷菌将动植物遗骸等有机底物进行厌氧消化，为产甲烷菌提供了生长和代谢所需的碳源和能源，非产甲烷细菌和产甲烷细菌相互依赖，互为对方创造良好的环境和条件。最终，产甲烷细菌通过乙酸发酵途径产生甲烷气体。

（2）自养产甲烷菌还原二氧化碳形成甲烷气。在海洋环境中产甲烷气主要是以二氧化碳还原途径为主。海底产甲烷菌的二氧化碳底物有两个来源：一是二氧化碳来源于有机质降解。埋于地层深处的动植物遗骸等有机质先被氧化为二氧化碳，再由产甲烷细菌还原为甲烷。以这种方式产生甲烷气也需由两种或两种以上的微生物协同完成。有机质不直接由微生物降解为甲烷，而是先氧化为二氧化碳，再由产甲烷细菌还原为甲烷，这种曲折的过程很令人费解。二是二氧化碳来源于洋底的火山热液－喷溢系统。产甲烷细菌的生长温度范围非常宽，它既可以生活在近于冰点的南极湖泊中，也可以栖息在110℃的深海火山热液喷孔处。在现代火山热液喷孔中已发现了多种高温自养甲烷菌，在天然气水合物矿床中也发现了中高温的自养甲烷杆菌。

2）热解成因

热解成因气的来源与地表深层的油气藏有关。地质构造的变化可以导致位于地表深层的常规油气藏的温度和压力升高。而地表深层的烃类在高温、高压下裂解，又可以产生烃类气体。这些气体除了少量的在海底之下的沉积层中就被捕获成为天然气水合物以外，更多的是向温压条件适合的海底迁移。这类碳氢气体的相对分子质量比较大，可以形成较大的天然气水合物结构类型。热解成因气主要生成Ⅱ型水合物和H型水合物。

热解成因气的形成方式与石油相似，沉积有机质随着沉积物的埋深增大而温度升高，其长链有机化合物断裂、分解形成天然气。热解成因的甲烷气比生物成因的甲烷气更具有富集性，通常形成于沉积盆地的较深部，并通过盆地流水向上迁移至高孔隙度、高渗透率的浅部天然气水合物稳定区的沉积物中。它们一般在断裂带附近形成小丘，或从断裂带开始向外蔓延，并且形成很好的圈闭并阻止更多的甲烷逸散到地表。

3）混合成因

海洋环境中主要的烃类气体是甲烷，而永冻区中的主要成分则是乙烷和其他重烃。气体成分的这种明显变化表明微生物作用并不是形成这些烃类的唯一原因。这些气体也可能是从深部运移而来的，是由埋藏在深部的有机质热分解而形成的轻烃。所以，有的天然气水合物的气源是由微生物成因和热解成因两种类型混合而成。

非生物成因天然气是指地球内部迄今仍保存的原始烃类气体，或地壳内部经无机化学过程产生的烃类气体。不同成因的甲烷气具有完全不同的碳同位素组成。Bernard 等曾用烃类气体成分 R 值及甲烷碳同位素组成来判断甲烷的来源。微生物成因甲烷气的 R 值比较高（大于 1 000），碳同位素比值 $\delta^{13}C$ 很低，一般为 $-90‰ \sim -55‰$；热成因甲烷气的 R 值比较低（小于100），$\delta^{13}C$ 值较高，一般大于 $-55‰$。

4) 无机成因

还有一种情形就是海底火山喷发释放出二氧化碳气体，二氧化碳气体在自养产甲烷菌作用下被还原生成甲烷。普遍认为，这种气源属于无机成因气源，但是目前还没有找到无机成因的水合物矿点。

应该说，是否有充足的气体供应是形成天然气水合物的一个重要因素。理论和实验都证实，只有存在充足的气体供应时，即气体浓度大于其在地层水中的溶解度时，天然气水合物才能在其稳定带内产出。模拟结果也显示，气体的充足供应是形成天然气水合物不可或缺的条件。除了烃类气体的供应条件外，从动态过程来考虑，控制天然气水合物的形成还涉及其他一些因素，例如烃类气体到达天然气水合物稳定带的途径（原地供给、扩散或对流运移）、天然气水合物形成的条件和环境（包括温压条件、构造因素和沉积环境）等。研究形成天然气水合物所必需的气体供应源、气体到达天然气水合物稳定带内的途径以及气体如何与水分子结合，是提高天然气水合物准确预测的一项重要工作。

2. 多相流体运移体系

在布莱克脊区，过去一直认为天然气水合物中的甲烷是由有机质生物成因形成的，但最近通过对地震资料的处理分析及模拟分析认为，该区存在着甲烷气体的向上运移或毛细管作用。定量模拟结果显示，该区经沉积物压实驱动运移而来的甲烷占形成的天然气水合物总量的 15% ~ 30%。在其他海域，例如以生物成因气体组成的秘鲁大陆边缘的天然气水合物区，以热解成因气体组成的 Cascadia 大陆边缘的"水合物海岭"区、墨西哥湾天然气水合物区、智利三联点天然气水合物区、日本南海海槽天然气水合物区、挪威大陆边缘 Storegga 天然气水合物区等均存在着大量的与天然气水合物形成有关的深部来源甲烷烃类气体的运移作用。Milkov 等 （2003）还在 Cascadia 大陆边缘的"水合物海岭"区的 BSR 之上和之下层位的沉积物中进行了甲烷含量的直接测量，结果显示，在有烃类气体从深部增生复合体向海底运移的较小区域内，沉积物中的甲烷含量高，天然气水合物和游离气含量均丰富。相反，在大片缺少该系统的区域内，沉积物中甲烷的含量低，天然气水合物的含量也较少，游离气几乎没有，这显示出气体运移在天然气水合物形成中的重要作用。可以说，不论是由微生物成因还是由热解成因甲烷所形成的天然气水合物大多都存在着流体运移的供给，流体运移是天然气水合物形成过程中的一种普遍现象。

Fehn 等 （2007） 对与天然气水合物密切相关的孔隙水中的碘含量及垂向分布

规律进行了示踪分析，认为不管是活动大陆边缘还是被动大陆边缘的天然气水合物均存在着深部富含烃类气体（有机质）流体的向上运移作用，例如主动大陆边缘区的加拿大外海的"水合物海岭"区、秘鲁大陆边缘、日本南海海槽等，以及被动大陆边缘区的美国布莱克脊区、黑海、墨西哥湾等。这些地区的天然气水合物形成均与深部富含有机质生成的流体向上释放和运移作用有关，其中这些地区海底的泥火山即是流体释放的一种表征现象。虽然在被动大陆边缘区流体释放的现象，例如海底泥火山等，并不是特别发育，但是地球化学调查结果显示同样存在着富含烃类气体流体的运移过程。其中，流体运移的通道在天然气水合物形成过程中发挥着关键作用，它们与天然气水合物形成过程密切相关。在已知的或推断的天然气水合物产区，根据其地质产状或地震资料特征均可清晰地辨别出这种流体运移通道体系。在布莱克脊天然气水合物区的地震剖面上观察到正断层或垂直通道穿越 BSR 的现象，其周期性破裂可以为大量的甲烷从深部储层向上运移提供主通道，从而为形成天然气水合物提供充足的甲烷。Torres 等通过地震资料在BSR 到海底的整个天然气水合物稳定带中均观测到断层的发育，并用图示的形式解释了甲烷深部流体沿着断裂通道穿过 BSR 及天然气水合物稳定带的作用。Trehu 等还在该区 ODP204 航次中发现一个特殊的地震反射层"A"，从 BSR 下方约 200多米处斜穿而上。根据其沉积物组成、测井数据和孔隙水氯离子含量特征以及沉积物顶空气和保压取心样品的分析结果，推测为一个把气体和流体从下伏增生体传送到水合物海岭峰脊的重要通道或"铅管"运移体系。在秘鲁大陆边缘、墨西哥湾口、挪威大陆边缘 Storegga 区、西南非洲大陆边缘等天然气水合物或 BSR 分布区，均直接观测到或在地震剖面上识别出大量的多边形断层系或"扫帚状"、"烟囱状"等构造，这些断裂系有的止于天然气水合物稳定带之下，有的则直接到达海底。可见，天然气水合物成藏体系的多相流体运移体系主要指携带烃类气体的多相流体在不同通道下的运移作用（包括它们的扩散运移和对流运移作用）以及各种流体的运移通道。

3. 天然气水合物成藏富集体系

天然气水合物成藏还受到天然气水合物稳定带本身特性的制约。除温压条件外，岩性特征和构造条件也是控制天然气水合物形成分布的两种主要因素。Lu 等通过实验证明，在砂质沉积物中天然气水合物的饱和度可达 79%~100%，泥砂中可达到 15%~40%，砂质黏土泥中只有 2%~6%，这些结果与美国布莱克脊、日本南海海槽、加拿大 Mallik 的天然气水合物样品中观察的结果一致。实际上，Cascadia 大陆边缘的"水合物海岭"区、挪威中部大陆边缘的 Storegga 区等的天然气水合物明显受岩性控制，主要充填于砂质到砾质沉积物孔隙中，而泥质沉积物如淤泥和黏土中不含天然气水合物，或仅有含量较低的天然气水合物。其他地区情况也类似。此外，在自然界中，天然气水合物的产出也明显受构造的制约，它不仅受到断层几何特征的影响，还受到断层封闭程度的影响。例如，在 Cascadia 大陆边缘的"水合物海岭"区，地震反射资料显示天然气水合物向"水合物海岭"的构造冠部集中，而在日本南海海槽，天然气水合物均产于背斜的下部或冠部或断裂状翼部。在一些地区，沉积物岩性和微构造特征可以交叉作用共同控制天然气水合物的微观富集规律。苏新等在"水合物海岭"区研究天然气水合物的富集与其沉积物粒度关系时发现，天然气水合物分布区沉积物在宏观上具有以粉砂为主（含量为60%~75%）、粘土小于35%、砂小于5%的基本特征，但在微观上不同构造部位的沉积物粒径对天然气水合物分布具有不同的控制作用，例如其坡后盆地处由于总体沉积物颗粒较细，天然气水合物就赋存在极细粉砂粒级（8~26 μm）的沉积物中，在"水合物海岭"南峰顶部附近，天然气水合物则主要赋存在粗粉砂和细砂（50~148 μm）中。当然，对天然气水合物富集有影响的岩性因素目前主要讨论的是其粒级的分布特征，而沉积组分如硅藻、有孔虫等含量的变化特征对天然气水合物富集的影响还未见系统的报道。对天然气水合物富集有影响的构造因素还包括各种微构造如微裂隙、微断层等的作用。整体上可以说，构造和岩性是天然气水合物产出的两个最主要的影响因素，它们和天然气水合物形成的基本温压条件共同构成了天然气水合物成藏的富集体系。

  天然气水合物的组成以烃类气体为主，与常规油气的成藏过程在某些方面可能有一定的相似性，例如，它们必须存在着烃类的（生成）供应、烃类的（长或短距离）运移等。目前，天然气水合物的研究趋势是运用系统的思想来探索天然气水合物气体供应、气体运移、聚集成藏之间的内在联系，即天然气水合物成藏的系统研究。虽然它与石油地质学中的"含油气系统（petroleum system）"的概念有些类似，但"天然气水合物成藏系统"是建立在天然气水合物形成过程自身特点基础上的，与"含油气系统"仍然存在着一些区别。"含油气系统"最初是用来解释成熟烃源岩和油气藏之间的关系，是指一个动态的在一定地质空间和时间范围内起作用的石油生成和聚集的物理化学系统，包括油气生成、运移、聚集、再分配及散失过程，由成熟生烃岩、油气运移通道体系以及相关的油气藏（油气圈闭）组成。而天然气水合物在自然界中的产出则不需要圈闭条件，只受温压条件的控制，当温压条件合适时烃类气体即可与水结合聚集成天然气水合物矿藏。研究人员在文献中曾使用"天然气水合物系统（gas hydrate system）"或"甲烷水合物系统（methane hydrate system）"或"天然气水合物油气系统（gas hydrate petroleum system）"等名词，但除了 Xu 等在文中指出"天然气水合物系统"是指由天然气水合物、游离甲烷气体、水+溶解甲烷组成的一个三相两组分动态系统外，大多数科学家均未给出一个明确的定义或说明。但它们主要是指游离气体和水都存在的相平衡系统、或深海环境中甲烷氧化和硫酸盐还原等有机生态系统、或天然气水合物在温度和压力平衡条件下地质因素（主要是地层和流体发育体系）对其形成过程的约束、或与"天然气水合物油气系统"有关的地质控制系统、或流体运移构造系统等单一体系或过程。

4. 烃类气体捕获类型

只有在适当的地质条件下碳氢气体才能被捕获形成天然气水合物。形成天然气水合物的基本条件包括：①低温，一般温度低于 10 ℃；②高压，压力大于 10 Mpa；③天然气、水源条件，充足的气源和水源是水合物生成的物质基础；④有利的储集空间，确保水合物晶核能够长大并不断汇集。根据现有的资料，在海洋中形成天然气水合物的碳氢气体捕获可以分为两种类型：一种是"简单"捕获；另一种是"复合"捕获。

"简单"捕获是指水合物自身对有机气体的捕获，往往发生在水合物层的内部或下部。从构造的角度来看，"简单"捕获主要发生在有较厚沉积楔的被动大陆边缘斜坡，其特点是该区没有发育出比较明显的构造变形。

"复合"捕获发生在天然气水合物盖层与地质构造或地层的结合部位，通常发生在聚合大陆边缘的增生楔发育区。"复合"捕获又可分为结构捕获和角度不整合捕获。前者发生在倾斜的地层，水合物层和地层相向斜交，"盖层"完全由水合物构成；后者发生在坡度较陡的倾斜的地层内，水合物"盖层"与地层同向斜交，气体沿地层顺层填充，如图 3.1 所示。

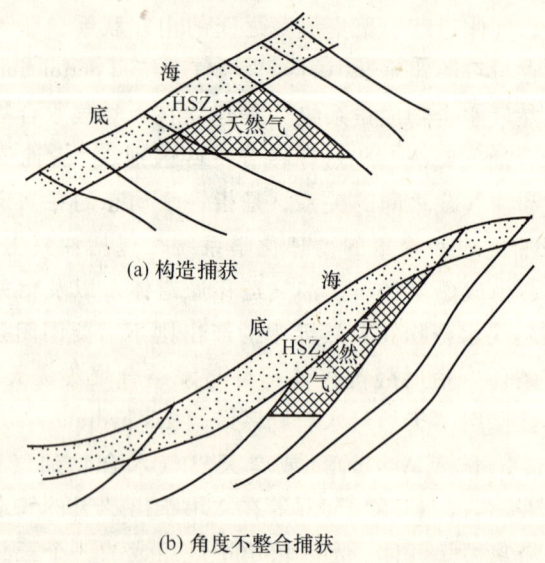

(a) 构造捕获

(b) 角度不整合捕获

图 3.1　两种海洋复合捕获类型（HSZ 表示水合物稳定带）

3.2 海洋天然气水合物的类型和特征

由于地质条件的差异，海洋水合物发育成两类，即扩散系统水合物和渗漏系统水合物（苏正等，2006）。

扩散系统水合物分布广泛，分布区内天然气渗漏通量非常低，游离气带与水合物稳定带之间有指示水合物底界的强反射层，即拟海底反射层（BSR）。水合物稳定带中没有游离气存在，在热力学上是一个水-水合物二相平衡体系。对于该类水合物，用热量和质量平衡可以描述水合物的形成过程，无须考虑水合物的沉淀动力学。扩散系统水合物的甲烷主要有两种来源：一是水合物稳定带内有机碳原地转化形成的生物成因甲烷；二是水合物稳定带之下游离气带或深部热解气向上扩散运移的天然气。在水合物稳定带内，各种来源的天然气由于供给量较低，不能达到产生游离气的量，只能以在孔隙水中的溶解态存在。孔隙水中溶解的甲烷在浓度差、压力和毛管力等因素的驱动下以扩散方式运移，当其浓度超过水-水合物两相体系热力学平衡饱和度时，溶解的甲烷结晶形成水合物，如图3.2所示。

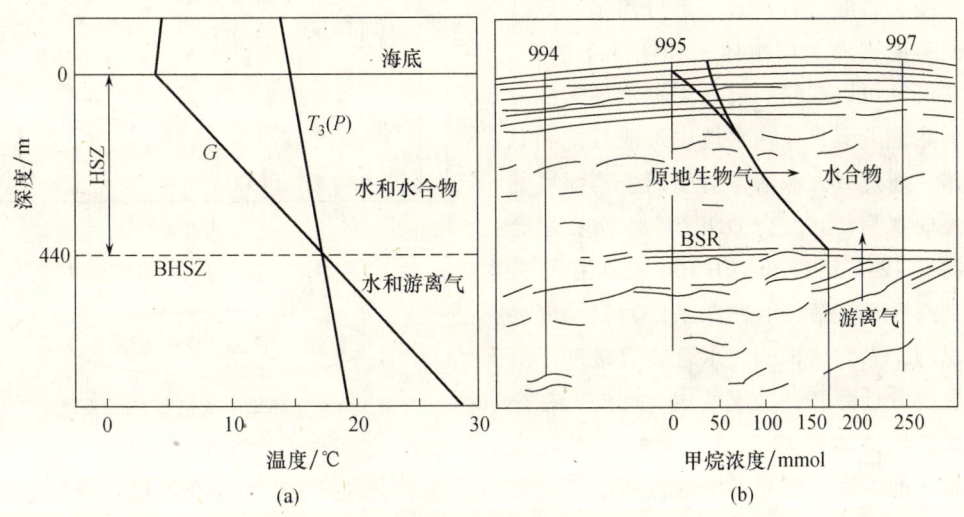

图3.2 布莱克海脊扩散系统水合物示意图

图3.2a为水合物稳定带（HSZ）的温度和压力剖面。HSZ分布于海底至海底以下440 m的沉积物之间，这一区域的热力学条件适合形成水合物。图中BHSZ表示水合物稳定带的底界；$T_3(P)$为甲烷水合物热力学相平衡边界；G为海底之下沉积物中的地温梯度。图3.2b为布莱克海脊地震剖面与二相体系甲烷水合物热力

学平衡饱和溶液和实际溶解甲烷浓度剖面的示意图，表明水合物的形成除需要温度和压力条件之外，还需要有充足的天然气源（箭头表示了水合物层下部的游离气及原地的生物气来源），孔隙水中的溶解甲烷浓度必须大于二相体系甲烷水合物热力学平衡饱和度。图中 BSR 表示拟海底反射层；994、995 和 997 为 ODP164 航次钻位号。

海底天然气渗漏是一个广泛的自然现象，海底天然气渗漏系统在全球海洋环境中的分布非常广泛。在构造变形或者超压体系下，地层流体将沿着断层或底辟构造中应力梯度的方向运移，深部油气藏或者储层游离态天然气以渗漏方式沿着断层等进行同向海底运移。深部渗漏天然气沿着断裂等通道向海底渗漏，在渗漏过程中部分渗漏天然气在水合物稳定带内沉淀为天然气水合物，天然气在水合物稳定带内是以游离气（气泡）形式迁移的，残余渗漏天然气喷溢进入上覆水体。因此，渗漏系统水合物稳定带是一个水-水合物-游离气三相热力学非平衡体系。水合物形成需要考虑沉淀和分解动力学过程。整个水合物稳定带内渗漏天然气活动非常强，甚至还可以观测到进入上部水体的天然气气泡。一部分渗漏天然气通过微生物活动转变为二氧化碳并沉淀为冷泉碳酸盐岩，另一部分渗漏天然气则喷溢进入上覆水体，如图 3.3 所示。在海底可以观测到进入上覆水体的渗漏天然气气泡，并在水体中形成气泡羽状体。通过载人深潜器对墨西哥湾海底的长期观测，并结合 ODP204 航次在水合物脊 1249 钻位和 ODP164 航次在布莱克海脊 996 钻位的钻探采样，以及海底观测，人们认识到，水合物直接产于海底或者近海底，且埋藏浅。此外，在全球其他许多海洋环境，例如鄂霍茨克海、地中海、黑海等渗漏性海底都采集到了埋藏浅的或者露出于海底的水合物。

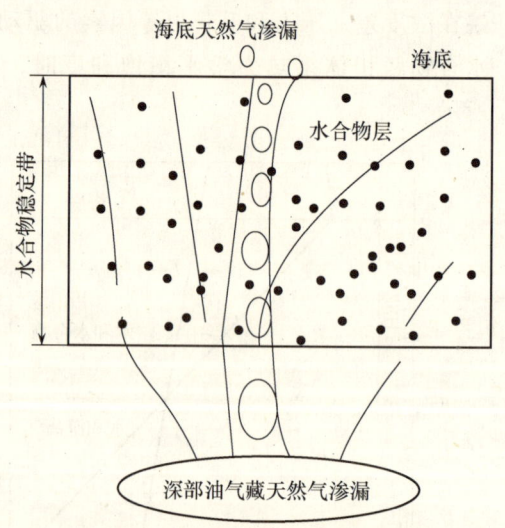

图 3.3　海洋环境中天然气渗漏系统水合物的概念示意图

渗漏性作用无法通过 BSR 识别，但天然气渗漏活动在海底和水体中形成了一系列地球物理、地质、化学以及海洋生命等异常，例如海水表面的油渍、海底冷泉碳酸盐岩、水体中的天然气羽状体、还原带微生物、海底特异化学自养生物群、特殊的有机分子化合物、海底沉积层的地球物理模糊带等，这些特殊的异常为渗漏性水合物分布的识别提供了途径。其中海底自养生物群与冷泉碳酸盐岩是指在海底渗漏盆口常发育而成的高密度化学自养生物群，包括多种微生物、细菌以及多细胞动物的共生组合,例如双壳类、腹足类、掘足纲、贝壳类、蠕虫、细菌席等。自养生物群通过新陈代谢过程使甲烷转变为二氧化碳,与海水中的钙离子结合,形成含有自养生物的碳酸盐沉淀。因此,深海区海底自养生物群及冷泉碳酸盐岩是寻找天然气渗漏系统的一个有效标志。

在适合的地质条件下,扩散系统可以与渗漏系统水合物伴生产出,例如在水合物脊南部同时发育的渗漏系统和扩散系统水合物,如图3.4所示。渗漏系统海底深潜观测及多次海底回声探测显示,海底有大量气泡喷溢,并形成了水体中的天然气羽状体。ODP204航次在渗漏系统的钻探确定了海底浅表层(图3.4中C区)水合物含量占孔隙空间的30%~40%,而向下的B区水合物仅为2%~4%。

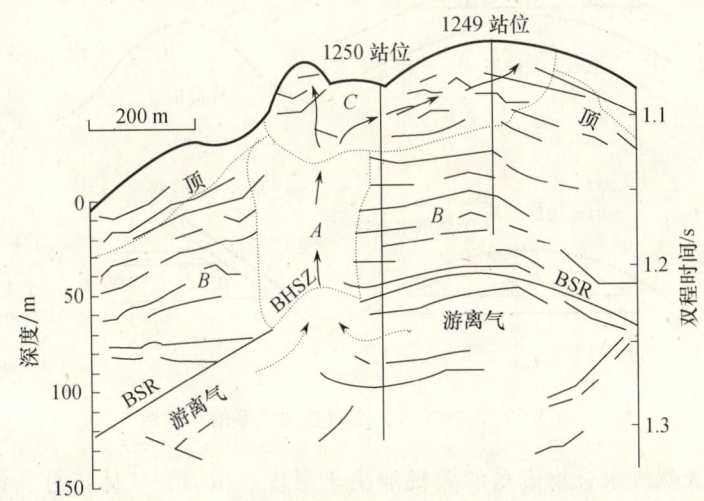

图 3.4 水合物脊南部二相与三相水合物体系
箭头表示渗漏气体的运移;BHSZ 为水合物稳定带底界;A 为可能的三相水合物体系;
B 为二相水合物体系;C 为三相水合物体系;BSR 之下的游离气经过通道 A 向上运移到 C

目前世界各国对天然气水合物矿藏的勘查开发仍处于探索阶段,关于其生成原因的研究也处在初级阶段。研究的重点是水合物形成的气体来源、捕获方式以及形成模式等。

3.3 与常规油气藏伴生的水合物矿藏

天然气水合物层常与常规气藏相伴而生,对常规气藏起到了较好的封盖作用。根据两者的相对位置关系,天然气水合物对油气的封盖作用可分为垂向和侧向两种;根据其接触关系可分为披覆型和接触型两种;根据其形成的相对时间的先后可分为同生和后生两种;根据其分布的地质构造特征可分为穹窿遮挡型、底辟构造型和地层内部型三种。

天然气水合物的披覆型遮挡指的是天然气水合物的分布受海（湖）底地形（如基底上拱）等因素的影响，造成沉积地层高差，从而可以从垂向和侧向遮挡油气，如图3.5a、c所示。图3.5b表示与底辟构造有关的天然气水合物气藏，其成藏机制是底辟构造使天然气水合物层内等温线上拱，从而在天然气水合物层内部形成与底辟构造顶面平行的气藏。接触型遮挡是指天然气水合物层与含气岩层的产状不同，从而形成局部接触，造成对气藏的侧向遮挡作用，如图3.5d所示。

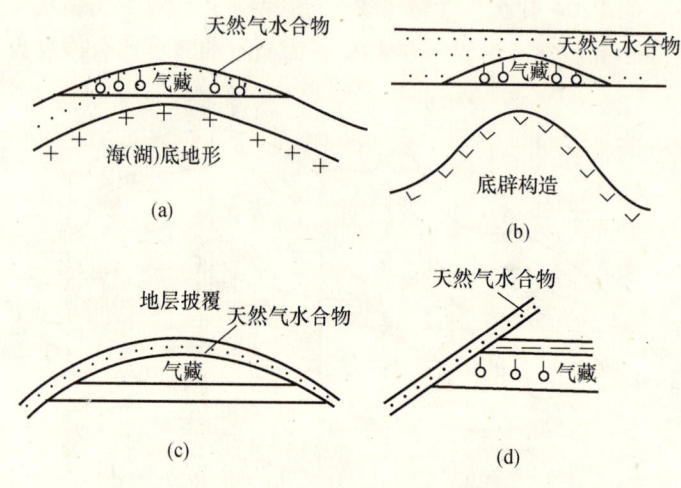

图3.5 天然气水合物封盖油气藏的示意图

总之，天然气水合物成藏的关键取决于温度、压力、气体组分、饱和度以及孔隙水组成，其结晶和生长速度还取决于沉积物颗粒大小、形状和组成。控制天然气水合物形成和赋存的因素受到海洋中一系列构造和沉积作用的影响，在不同的时间尺度上导致多种可能的动力学反应。目前，国内外对天然气水合物赋存及分布主控因素的研究仍局限于对影响水合物成藏的个别因素的探讨上，例如全球气候暖冷事件的交替变化、新构造活动、沉积作用效应、地温梯度以及冰川性海平面相对移位等，这些因素均可改变天然气水合物形成所需要的温压条件与沉积物的物性特征，从而影响天然气水合物系统的稳定性（吴能友等，2008）。

3.4 天然气水合物矿藏产状和特征

3.4.1 天然气水合物矿藏产状

在自然界发现的天然气水合物多为白色、淡黄色、琥珀色和暗褐色，呈亚等

第 3 章 天然气水合物成藏及特征

轴状、层状、小针状或分散状结晶体（王祝文等，2003）。根据水合物在沉积层里的生成产状划分，可以有不同的划分方法。Malone 等首先对海洋水合物产状进行了多年的研究，他们运用分型理论（此理论是后来研究水合物在沉积物中胶结性质的基础）指出水合物主要存在以下四种类型：良好的分散状水合物、结核状水合物、层状水合物以及块状水合物，如图 3.6 所示。Uchida 等（2000）通过 CT 研究了加拿大马更些三角洲的含水合物岩心，进一步将水合物在沉积物中划分为六种产状：孔隙状水合物、扁平状水合物、散粒状水合物、层状水合物、节理状水合物以及脉络状水合物。Dai 等总结出水合物在沉积物里的六种分布模式，分别是接触胶黏模式、颗粒包裹模式、骨架/颗粒支撑模式、孔隙充填模式、掺杂模式以及结核或者裂缝填充模式。

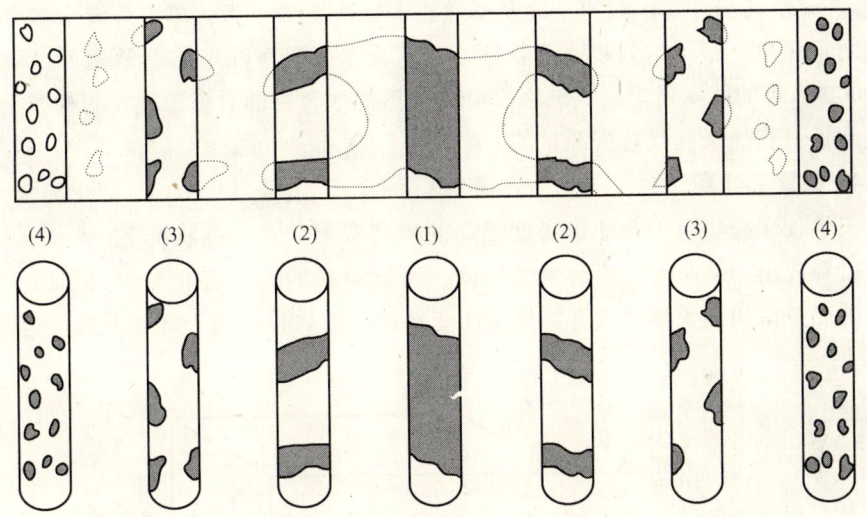

图 3.6 分型理论划分的水合物产状
（1）为块状水合物；（2）为层状水合物；（3）为结核状水合物；（4）为分散状水合物

3.4.2 天然气水合物矿藏特征

天然气水合物是一种具有广阔应用前景的潜在能源，具有分布广泛、埋藏浅、储量大、能量密度高、清洁无污染等特点。

1. 分布广泛

地球上大约 27% 的陆地和 90% 的海域都是天然气水合物形成的潜在区域。目前，全球已发现 116 处天然气水合物产区。除西伯利亚和北美北部的极地冻土带以外，世界上已知的天然气水合物绝大多数分布在大洋边缘，主要是太平洋东、西沿岸带，大西洋西海岸带以及印度洋沿岸等。目前，我国在南海、东海、台湾海域以及青藏高原都已发现了天然气水合物存在的地球物理标志。

2. 埋藏相对较浅

与常规石油和天然气相比较，天然气水合物矿藏埋藏较浅。在深海，天然气水合物矿藏埋藏在海底以下 0~1 500 m 的沉积层中，而且多数埋藏在自表层向下 500~800 m 的松散沉积层中。陆地上，高纬度永久冻土带的水合物矿藏埋藏得也比较浅。加拿大西北马更些三角洲冻土带的天然气水合物矿藏的埋藏深度为 810.1~1 102.3 m，且含水合物的地层的厚度达百米以上。

3. 储量巨大

天然气水合物中的有机碳约占全球有机碳总量的 53.3%，是煤、石油和天然气等化石能源中含碳总量的二倍。其中分布在陆地上的天然气水合物的最大地质储量约为 3.4×10^{16} m^3，分布在海洋中的最大地质储量约为 7.6×10^{18} m^3（Dobrynin 等，1981）。天然气水合物矿藏的一般厚度为数十厘米至数百米，单个海域中水合物天然气的资源量甚至可达到数万至数百万亿立方米。仅海洋中的储量就可以满足人类 1 000 多年的能源需求。我国南海海域天然气水合物的总资源量大约相当于我国陆上和近海石油天然气总资源量的一半。

4. 能量密度高

天然气水合物是一种能量密度很高的矿产资源。在标准状况下，1 m^3 的水合物可以释放出 164~180 m^3 的甲烷气体，而分解后的水只有 0.8 m^3，如图 3.7 所示。因而单体积的天然气水合物燃烧所能释放出的热量远高于常规天然气。

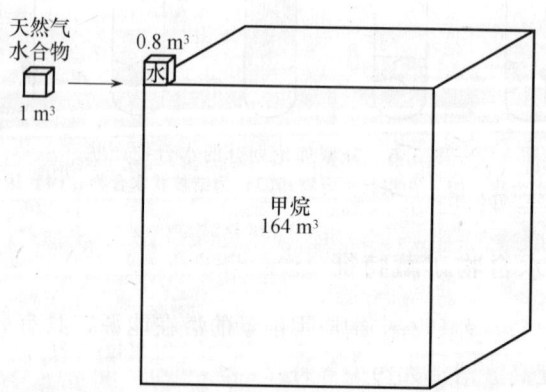

图 3.7　1 m^3 水合物分解产水产气示意图

5. 清洁无污染

天然气水合物所含的主要气体组分是甲烷，它比常规天然气含有更少的杂质，燃烧后几乎不会产生有害的污染物质，尤其是生成的致癌物质——二氧化硫，要比原油或煤炭燃烧所得低两个数量级，因而是未来理想的、绿色的新型能源。

第4章 天然气水合物勘探和开发技术

4.1 天然气水合物的地球物理标志

天然气水合物的形成与赋存需要独特的温压和地质条件。除了海底钻探和海底沉积物取样能获得少量的样品外，绝大多数天然气水合物的分布只能通过地质、地球物理和地球化学等间接方法来确定，尤其是地震识别标志。用于识别水合物的地震标志主要有拟海底反射（bottom simulating reflections，BSR）、空白地震反射带、拟海底反射的极性反转、BSR 上下方沉积层的速度结构异常、振幅随偏移距的变化（AVO 分析）、波形反演及各种地震属性等。

4.1.1 常规地震剖面上的拟海底反射

对于海洋沉积物中的水合物的勘测而言，BSR 技术是在 1953 年首次使用的，它是随着深海记录的发展而发展的。在该项技术中，声波可抵达海洋底层，并产生反射，反射时间是可以测量的。Markl 等（1970）在布莱克的单道地震剖面上发现了一个与海底平行且与一些弱反射层斜交的异常强反射。深海钻探第 11 航次后，这一异常反射被解释为天然气水合物沉积的底界，定名为拟海底反射 BSR，这一发现后来被多次深海钻探与大洋钻探所证实，因而通过地震调查可以圈定海洋天然气水合物的大致分布范围，地震方法也成为海洋天然气水合物研究的重要工具。地震剖面上的拟海底反射通常具有与海底大体平行、负极性、高振幅、与沉积层埋斜交的特点（宋海斌等，2003），可以指示含水合物沉积层与含游离气沉积层或含水沉积层的相边界。在一些地区，BSR 上方振幅极小，呈现空白带的拟海底反射。BSR 研究已经有 30 多年了，大量的地震研究和大洋钻探工作确实加深了对 BSR 特征与天然气水合物、游离气分布关系的认识。

在海底不同密度的介质中，声波的传播速度是不同的，因此 BSR 技术通常可用来显示水合物的基线。当纵波速度（V_P）急剧下降且剪切速度（V_S）急剧上升时可确定水合物的基线。

Hyndman 和 Spence（1992）针对 Cascadia 边缘的 BSR 的阻抗比较值进行研究时指出：沉积物通常会含有 15%～20% 的水合物，通过 BSR 测试显示，水合物的最大值为总量的 33%。Hyndman 和 Davis（1992）指出 V_P 速度的减少意味着以下两点：①BSR 处最薄层的水合物有一个渐进的梯度，BSR 层上只有少量的水合物会浓缩；②水合物下的 BSR 不需要气体层。Andreassen 等已经使用 AVO 技术测定了 BSR 交界面处的相。在使用 AVO 技术测定 BSR 交界面处的相时，水合物通常是远离粒子接触面的，仅仅部分充满于气孔中。从理论上来说，当反射程度和渗透程度较差时，水合物不会和非层状的沉积物粒子相粘。

Paull 等总结了 BSR 所需的条件：

（1）位于海底之下并与海床平行，水深的变化和相图的变化相一致；

（2）BSR 上地震波的速率异常，V_P 大于 2.0 km/s；

（3）如果发现 BSR 极性颠倒且 BSR 下海水的速率小于 1 500 m/s，则表示可能存在自由气体；

（4）BSR 上透明区域的电阻较低；

（5）BSR 下几百米区域的反射率高。

一开始，BSR 只被认为是一种获得同地水合物范围的方法，但 Lee 等指出，如果已知沉积物的孔隙度，可用该方法测量水合物的量。应当指出，在测定沉积物的热流时也可以使用 BSR。

BSR 是海域天然气水合物在地震剖面上的识别标志之一，但 Finley 和 Krason（1986）在研究中发现，BSR 不一定是水合物存在的必然标志，例如在中美海沟处进行的 DSDP84 航次中，钻位 490、498、565 和 570 处钻获了天然气水合物，但这些位置的地震剖面上并未出现 BSR；而在钻位 496 和 569 处的地震剖面上有明显的 BSR，但在 200 m 长的岩心中并未发现水合物。这就要求对 BSR 的形成机制进行细致和扎实的研究。

4.1.2 常规地震剖面上的速度－振幅异常结构现象

在块状水合物赋存处存在明显的强振幅异常，虽然块状水合物的地震波阻抗很高，但由于其厚度已小于现有的地震分辨率，受地震波调谐作用的影响，剖面上难以看到正常的 BSR。块状水合物地层的高速度和 BSR 之下由游离气引起的低速度造成了明显的上部速度上拉、下部速度下拉的现象，两者垂向叠置，称为速度－振幅异常结构（VAMP）现象。当块状水合物的厚度较小时，其高速度造成的地震波形的上隆现象并不明显，但由游离气层的低速度引起的地震波形下坳的现象是明显的，且有限的上隆直接覆盖在多层的下坳之上，所以"VAMP"现象仍然显著。

4.1.3 振幅随偏移距变化属性剖面上的识别标志

由于水合物沉积层与其上覆、下伏沉积层存在明显的速度和泊松比特征差异，振幅随偏移距变化（AVO）的分析与反演技术在天然气水合物的研究中被广泛应用，几乎所有的水合物研究区都进行了以真假 BSR 的识别为目的的 AVO 研究。研究表明，BSR 反射波在 AVO 角度道集上的一般特征（AVA）是振幅随入射角（偏移距）的增加而增加。AVO 属性分析和实际的地震资料分析表明，水合物层顶部反射也具有振幅的绝对值随入射角（偏移距）的增加而增加。利用岩石物性分析的结果进行理论计算表明，在水合物沉积层孔隙度为 40% 时，含天然气水合物饱和度为 0%~60% 的沉积层覆盖在气饱和度为 2% 的游离气沉积之上，随着天然气水合物饱和度的增加，反射系数值增加，AVA 的形态是相似的，呈现振幅随入射角增加而增大的特征；含天然气水合物饱和度为 80% 的沉积层覆盖在气饱和度为 2% 的游离气沉积之上，反射系数随入射角的增加呈先减小后增大的特征；含天然气水合物饱和度为 100% 的沉积层覆盖在气饱和度为 2% 的游离气沉积之上，反射系数随入射角的增大而减小。天然气水合物饱和度为 20%~100% 的沉积层与饱和水沉积界面的反射振幅也呈随入射角增加而增大的特征，但理论计算表明，含天然气水合物饱和度 100% 的沉积层与饱和水沉积界面的反射振幅呈现随入射角增大而绝对值变小的现象，这与含天然气水合物饱和度 100% 时泊松比急剧下降有关，而泊松比对 AVA 曲线的影响较大。

在获取角度道集成果的基础上，一般进行 AVO 处理时还需要获取反映近似于零炮检距的反射纵波的 P 波剖面、反映反射振幅随入射角变化的变化率以及变化趋势的梯度剖面 G 剖面、反映地层横波变化的拟横波剖面 S 波剖面、反映水合物异常的亮点剖面以及反映泊松比变化的泊松比差值剖面，这些剖面统称为 AVO 属性剖面。但到目前为止，有关在这些属性剖面上的水合物识别标志的报道还未见到，只能根据水合物沉积层及其上覆、下伏沉积层的岩石地球物理特征的差异进行推断，如表 4.1 所示。

表 4.1 AVO 属性剖面上的水合物识别特征

AVO 属性剖面	水合物识别特征
P 波剖面	与海底大体平行，与海底反射波极性相反，高振幅，与沉积层理斜交；BSR 上方振幅极小，呈现空白带的特征
梯度剖面	在水合物沉积层的底界处表现为强振幅（梯度值高），在沉积层的内部表现为弱振幅或空白状（梯度值很小）
拟横波剖面	与海底大体平行，与海底反射波极性相反，高振幅，与沉积层理斜交；BSR 上方振幅极小，呈现空白带的特征

续表

AVO 属性剖面	水合物识别特征
亮点剖面	在水合物沉积层的底界处表现为强亮点,在顶界处表现为中或弱亮点,在内部表现为暗点或空白
泊松比差值剖面	在水合物沉积层的底界处表现为强泊松比差值(强振幅),在顶界处表现为中或小泊松比差值,在水合物沉积层内部表现为无泊松比差值(呈空白状)

4.1.4 波阻抗反演剖面上的识别标志

美国德克萨斯大学岩石圈研究中心对布莱克海脊的 994、995 和 997 站位的地震剖面进行了宽带约束反演处理,并得到了波阻抗反演剖面。由于充分地利用了测井信息的纵向高分辨性和地震资料的横向连续性,反演的波阻抗剖面具有较高的分辨率。其特征如下:

(1) 水合物沉积层的顶界面得到了清晰的反映,且在横向上可以追踪,水合物沉积层为高阻抗值,其下伏的含游离气层为低阻抗值;

(2) 水合物层和含游离气层的横向分布得到了清晰的反映;

(3) 相对于饱和海水沉积层和含游离气沉积层,水合物沉积层具有高波阻抗值,波阻抗由低向高变化的拐点处为水合物层的顶界面,波阻抗由高向低变化的拐点处为水合物沉积层的底界面。

总之,地球物理资料包含的信息十分丰富,国内外科技工作者利用这些信息开展了研究,发现拟海底反射(BSR)等标志与水合物存在着一定的关系,并对 BSR 反射系数、波形特征和振幅空白带(BZ)的反射强度及地震速度结构进行了深入分析。近年来,人们借助油气储层的预测思路,利用振幅随偏移距变化(AVO)信息技术和地震的非线性全波形走时反演方法,以 BSR 反射系数、反射波形模拟来约束 BSR 上下地层的地震纵波速度变化,从而达到综合预测含水合物沉积层的目的。这些技术方法对于特定条件下发现天然气水合物矿藏有一定的效果,但是经钻探后发现,目前许多识别标志,例如 BSR、BZ,与天然气水合物矿藏之间并非完全对应,两者之间的内在联系及其响应机理尚不清楚,许多解释的合理性尚存疑问。虽然 BSR 是目前指示天然气水合物产出的最好的间接标志,但其并非总是与天然气水合物一一对应,例如在有天然气水合物产出处有时并无 BSR 显示。各种矿物、岩石、地球化学以及微生物的异常也是指示天然气水合物非常重要的识别标志(吴能友等,2008)。

4.1.5 天然气水合物测井识别标志

目前,通过钻探在全球多处发现了天然气水合物并且进行了测井分析,分析表明，含天然气水合物沉积层具有如下的测井识别标志（陈建文等，2004）。

1. 气测异常

在含水合物岩层钻井过程中，泥浆和钻头等外界引入的热量可以分解井壁的水合物，形成气体异常，泥浆含气录井和气测井中有明显的显示。

2. 井径扩大

钻井过程中井壁水合物本身的分解会造成井径扩大，同时水合物的分解将使岩石稳定性变差，出现局部崩塌，也会使井径局部明显扩大。

3. 电阻率增高

岩层孔隙被水合物充填后导电率降低，即电阻率升高。在电阻率法的导电模型中，天然气水合物作为不导电的骨架进行处理，因此电阻率曲线呈现超厚层的稳定高幅形态，这在测井曲线上是极易识别的。与饱和水层相比，天然气水合物层表现出相对高的电阻率偏移，一般是水电阻率的 50 倍以上。在 Cascadia 海域的 ODP889 站位的视电阻率测井曲线上，水合物沉积层的顶部呈"台阶状"突变增大。

4. 低自然电位

与含游离气层相比，含水合物层存在较低的自然电位异常，而且长电位与短电位分离。

5. 密度降低、声波速率增大

由于天然气水合物能提高地层内的声速（纯水合物的横波速度为 3 000 m/s），而天然气水合物层以下的游离气层内的声速又迅速降低，因此声波测井在天然气水合物地层中得到了很好的应用。与含水或含游离气沉积层相比，含水合物沉积层的密度降低，声波速率增大，水合物底界面存在速度负异常的现象。西西伯利亚麦索雅哈气田的资料表明，在原为含水砂层内形成水合物之后，其纵波的传播速度会从 1 850 m/s 提高到 2 700 m/s；而在胶结砂岩层中，这一速度会从 3 000 m/s 提高到 3 500 m/s。深海钻探计划的 57 站位的测井结果表明，由含水砂岩层进入含水合物砂岩层时，密度由 1.79 g/cm^3 减小至 1.19 g/cm^3，声波的传播速度从 1 700 m/s 提高到 3 600 m/s，且导电率急剧下降。Cascadia 海域的 ODP889 站位的垂直地震剖面（VSP）测井资料反映，水合物层底界为强烈的负速度界面，速度从水合物沉积层的 1 900 m/s 陡降到含游离气层的 1 580 m/s，由于 VSP 测井为地震测井，受钻井因素的影响较少，因此认为 VSP 测井能够真实地反映水合物沉积层底界的速度变化。

6. 中子孔隙度增大

与含水或含游离气沉积层相比，含水合物层处的中子孔隙度略有增大。1982 年，位于危地马拉海岸外的中美海沟的 DSDP84 航次 570 站位采获了长达 1.05 m 的块状天然气水合物，其埋深为海床以下 247.4～251.4 m。测井曲线指示，块状水合物的厚度为 3～4 m，测井响应为高的中子孔隙度（67%），同时具有高电阻率、高声波速度、低密度以及低自然伽玛特征。

一般来说，只在测井的基础上区分水合物是很困难的，尤其是在永久冻土中。为了明确区分水合物，必须进行一系列的测井活动。

4.2 天然气水合物地球化学标志

由于天然气水合物随着温度压力的变化而分解，海底浅部沉积物常常出现地球化学异常，这些异常可以指示天然气水合物可能的存在位置。另外，还可利用其烃类组分的比值及碳同位素成分等指标判断天然气的成因。目前，地球化学方法在天然气水合物的勘探和开发中发挥着越来越重要的作用，下面给予简要介绍（刘小平等，2007）。

4.2.1 气体异常法

在海底已发现的天然气水合物中，气体分子以甲烷为主（约占总量的99%），此外还有少量的乙烷、丙烷、异丁烷、正丁烷、氮气、二氧化碳和硫化氢等，因此在天然气水合物存在的地区，海底沉积物、海水及海面大气中甲烷等烃类气体以及硫化氢、二氧化碳等非烃类气体的含量必然出现异常。在海水中，甲烷的浓度一般只有几个至几万个 ng/L，然而由天然气水合物分解产生的甲烷微渗漏可以使该值增加几千倍。

1. **甲烷异常**

常用顶空法探查海底天然气水合物的分布，当渗漏的甲烷气体以游离态存在于沉积物颗粒之间时，即可采用顶空法测定游离态甲烷气体，在 DSDP 和 ODP 发现天然气水合物的航次中，均存在顶空气甲烷的高值异常（如图4.1所示）。

2. **硫化氢异常**

在赋存天然气水合物的岩心中均发现含有硫化氢，这是由于上渗的甲烷与海水中的 SO_4^{2-} 在近海底附近发生了化学反应，生成了硫化氢，所以硫化氢气体含量可能偏高。在 Cascadia 大陆边缘存在水合物地区发现了含有硫化氢的喷溢甲

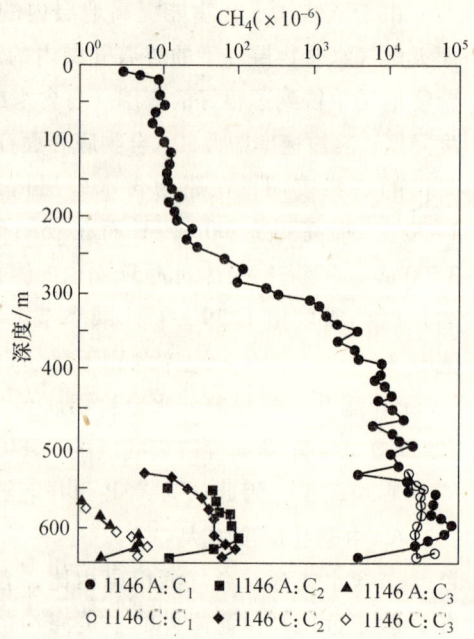

图 4.1　ODPLeg184–1146 站位顶空气中甲烷含量异常

烷气体。在北加利福尼亚滨海区的 Eel River 盆地的含水合物样品和 ODP164 航次在 Blake 海脊也发现了表层沉积物中含有硫化氢气体。这些证据表明存在天然气水合物的海区可能存在硫化氢含量的异常。

3. 海底海水中二氧化碳的喷溢及大气中二氧化碳含量异常

海底除了存在甲烷气体外，科学家们还发现了二氧化碳气体的喷溢。

4.2.2 离子浓度异常法

因为天然气水合物的笼型结构不允许离子进入，使得周围的海水盐度增高；反之，水合物分解则导致其周围孔隙的水变淡，氯离子浓度降低。这两种情况都可能形成地球化学异常，因此，可以通过其异常值来判定天然气水合物的存在与否。

1. 孔隙水中 Cl^- 离子浓度异常

通常在水合物分布地区，孔隙水的 Cl^- 离子浓度随深度的增加急剧减小。天然气水合物在形成过程中产生排盐作用，使得周围孔隙水中的 Cl^- 离子浓度增高。随着沉积物逐渐压实，固体和液体发生分离，流体向上排升，使得原来的高氯离子浓度流体运移到沉积物顶部，从而造成浅层沉积物中孔隙水的 Cl^- 离子浓度增高，水合物附近孔隙水的 Cl^- 离子浓度反而降低。ODP164 航次在布莱克海脊发现了 Cl^- 离子浓度从表层到水合物稳定带随着深度的增加而急剧减少的现象，如图 4.2 所示。在世界各地许多含水合物钻孔中测得的孔隙水的 Cl^- 离子浓度（0.51‰~8.2‰）都远低于海水中 Cl^- 离子的浓度（19.8‰），因此，孔隙水中 Cl^- 离子浓度可以作为指示天然气水合物存在的一个重要指标。

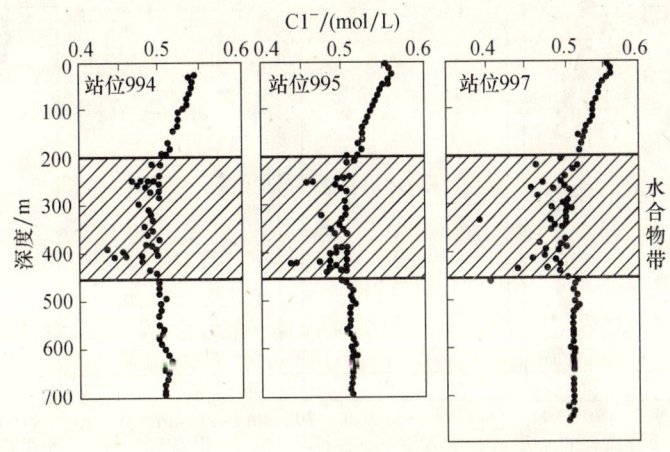

图 4.2　ODP164 航次 994、995、997 站位 Cl^- 离子浓度随深度的变化

2. 孔隙水中 SO_4^{2-} 离子浓度异常

在天然气水合物赋存的地区，普遍出现孔隙水中 SO_4^{2-} 离子浓度随深度增加而

降低的趋势。这是由于甲烷气体在微生物作用下还原了海底沉积物中的 SO_4^{2-} 离子，将之消耗殆尽。

3. 孔隙水中其他离子浓度异常

随着天然气水合物研究的发展，人们测试了越来越多的孔隙水离子浓度，以寻找更加灵敏的水合物示踪方法。近年来，人们关注的一些新的示踪离子包括 Br^-、I^-、Ca^{2+}、Mg^{2+}、Sr^{2+} 等。

4.2.3 稳定同位素法

稳定同位素化学是研究天然气水合物矿体来源的最有效手段，通常运用天然气水合物中甲烷气体的 ^{13}C、D 值和硫化氢的 ^{34}S 值来判定气成成矿原因。目前使用较多的是稳定同位素地球化学方法，包括 $^3He/^4He$、$\delta^{18}O$、$\delta^{13}C$、δD、$\delta^{34}S$、δ^6Li、$\delta^{37}Cl$、$\delta^{81}Br$ 等。一般认为，海底存在两种不同的喷溢流体，即冷泉和热泉。其中热泉多见于大洋中脊，有大量的富含 ^3He 的深部流体加入；而冷泉形成的沉积物以碳酸盐岩和天然气水合物为主，还有少量的硫化物和硫酸盐。研究显示，^4He 同位素在海底冷泉附近出现高值异常，而冷泉又与水合物的存在有着密切的关系，所以高 ^4He 成为判别水合物存在的一个重要标志。

在天然气水合物形成过程中，天然气水合物的结晶会引起同位素分馏。在二相分馏过程中，重同位素（^{13}C、D、^{18}O）等浓集于固相，导致孔隙水中 $\delta^{18}O$ 值、δD 值和 $\delta^{13}C$ 值随深度的增加而增大，如图 4.3 所示。其中 O 同位素分馏系数 A 为 1.002 68。

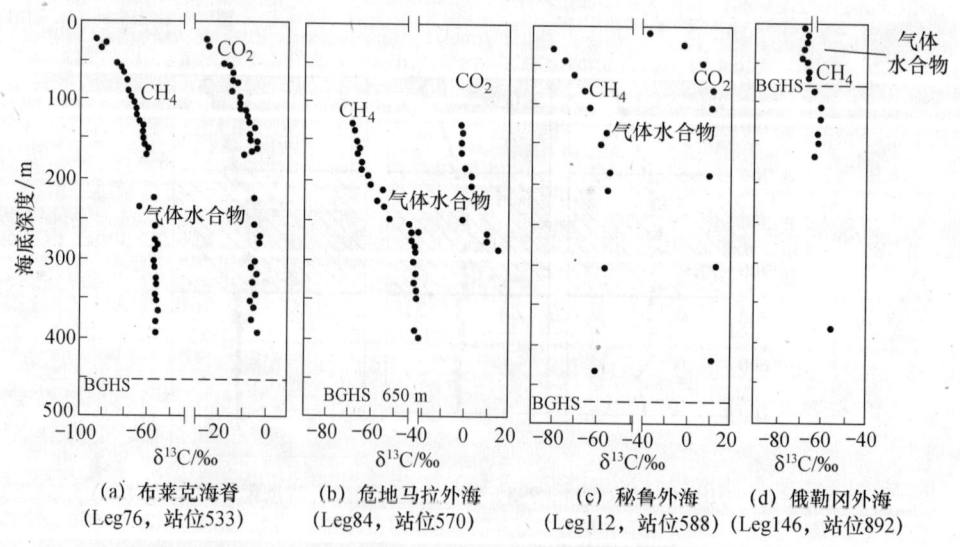

(a) 布莱克海脊　　(b) 危地马拉外海　　(c) 秘鲁外海　　(d) 俄勒冈外海
(Leg76，站位533)　(Leg84，站位570)　(Leg112，站位588)　(Leg146，站位892)

图 4.3　产出固体天然气水合物的沉积物中 $\delta^{13}C$ 值随深度的变化
（BGHS 表示气体水合物稳定界面）

实际上，在这些地球化学方法中，每种方法都有其一定的局限性，很多方法还处于摸索阶段，只有通过大量的探索性研究，结合运用多种方法和多种识别标志互相验证，才能在实际的天然气水合物勘探中减少不确定性。

4.3 天然气水合物生物学标志

海底天然气水合物的形成与赋存条件有其特异性，对周围的生物群落必将产生独特的影响，从而在其周围形成独特的生物群落特征（吴后波等，2008）。

海底天然气水合物在一定的温压条件下，即在天然气水合物稳定带内，可以稳定存在。如果脱离天然气水合物稳定带就会分解为甲烷气和水，甲烷气在海底水压作用下以一种爆炸式的破裂方式从海底地层中泄露出来，在海底表面形成"梅花坑"地貌（深 10 m、直径 100 m），同时还伴随着一系列的物理、化学及生物作用过程，形成与海底天然气渗漏相关的、与海底天然气水合物伴生的冷泉碳酸盐岩。

科学家在冷泉碳酸盐岩中还发现了微生物化石，这进一步证明了微生物细胞与天然气水合物稳定带水合物晶体有直接的接触，并证明天然气水合物稳定带水合物晶体里存在微生物细胞。东沙群岛海域的海底冷泉碳酸盐岩形态类似于烟囱，主要由方解石、伊利石、石英、黄铁矿等矿物组成。方解石保存了细菌丝状体形态，丝状体的直径小于 0.5 μm。通过扫描电镜观察，在碳酸盐岩断裂面上发现了直径小于 0.3 μm 的细菌，同时在碳酸盐岩的外表层观察到薄层外壳（厚 0.5 μm），显示出细菌形态特征。此外，在光学显微镜下可观察到黄铁矿集合体内保存了直径小于 0.1 μm 的棒状和卵形纳米细菌。在碳酸盐岩中保存的细菌化石证明了碳酸盐岩是海底天然气渗漏系统中细菌对甲烷气氧化的产物。在海洋水合物分布的海底低温高压环境中生活的底栖微生物包含了细菌、古生菌和真核生物三个域的微生物。目前国内外主要对细菌域（细菌类）和古生菌域（古生菌类）的原核生物开展了与甲烷或水合物有关的研究，这两大类原核生物都有许多嗜极类别。水合物的成藏环境虽然是低温高压环境，但目前发现的嗜极微生物却具有多样性，例如有嗜盐、嗜压、嗜冷和嗜热等细菌和古生菌类别。此外，也有利用属真核原生动物的底栖有孔虫（肉足虫类）等类别开展冷泉区甲烷渗漏研究的。微生物与天然气水合物的主要关系表现在两个方面：一是提供生物成因来源气体；二是对水合物或甲烷进行分解。研究已经揭示了几种重要微生物类别，如表 4.2 所示，例如甲烷厌氧古生菌主要是 ANME – 2 族类别与硫酸盐还原细菌（主要是脱硫八叠球菌属和脱硫球菌属细菌）的共栖互养体（syntrophism），以及少量的 ANME – 1 族的厌氧甲烷氧化古菌。

表 4.2　水合物海岭冷泉沉积物中识别出的几种重要
甲烷厌氧古生菌类别（Knittel 等，2005）

发现的主要类群	微生物类别
Desulfosrcina-Desulfococcus	SRB of Delta-proteobacteria（硫酸盐降解细菌）
Most archaea	古生菌
ANME – 1	广古生菌类
ANME – 2	广古生菌类
ANME – 2a	广古生菌类
ANME – 2b	广古生菌类
ANME – 2c	广古生菌类
Marine benthic group – B	泉古生菌类

随着海洋高技术的发展，借助海底电视、遥控观测器和深潜器等先进工具，在海底"梅花坑"内可以观察到与水合物相关的化学自养生物群落，这些自养生物群落主要包括以 Begglatoa 为主要种属的厌氧菌、贻贝类和蚌类等深海双壳类生物、管蠕虫和冰蠕虫以大量壳长为 20~30 cm 的巨型贝类遗体，从而形成了一种特殊的以溢出天然气为"食物"的生物群落。因有大量的冷甲烷气泡溢出，故又称为"冷生物群落溢气口"。1984 年，首次在墨西哥湾发现了这类生物，目前在日本南海海槽、美国俄勒冈外海及大西洋布莱克海脊等地均见到了类似现象，而在"梅花坑"以外的地区则难见到此类生物。此外，科学家发现在海底天然气水合物的周围同样栖息着一些特有的蠕虫动物，而通常在这样深的海底是没有底栖生物生存的（苏新等，2010）。

Suess 最近对与全球天然气水合物有关的海底冷泉环境做了进一步的总结，图 4.4 说明了冷泉（或天然气水合物渗漏）存在的环境下微生物与甲烷、水合物、流体和大生物的大致关系，以及上述几个反应在冷泉地质体系中发生的大概范围（苏新等，2010）。由于有大量的甲烷被氧化，在海底形成了大量的碳酸氢根，碳酸氢根和海水或流体中丰富的钙离子结合，沉淀为自生碳酸盐岩（主要矿物为文石和方解石），呈块状、烟囱状等产出。在含水合物或冷泉出露的区域，还存在一个十分重要的微生物和地球化学相互作用的界面，即硫酸根离子和甲烷转换界面。在沉积物顶部的流体富含硫酸盐，其含量随着沉积物的埋深降低，而另一方面下伏沉积物中甲烷含量向下增加，如图 4.4 所示。在该转换界面上硫酸盐还原形成的硫化氢和剩余的硫酸根离子与孔隙流体中其他元素结合，形成一系列硫化物类和硫酸盐类自生矿物（如黄铁矿，通常呈多种集合体状）。

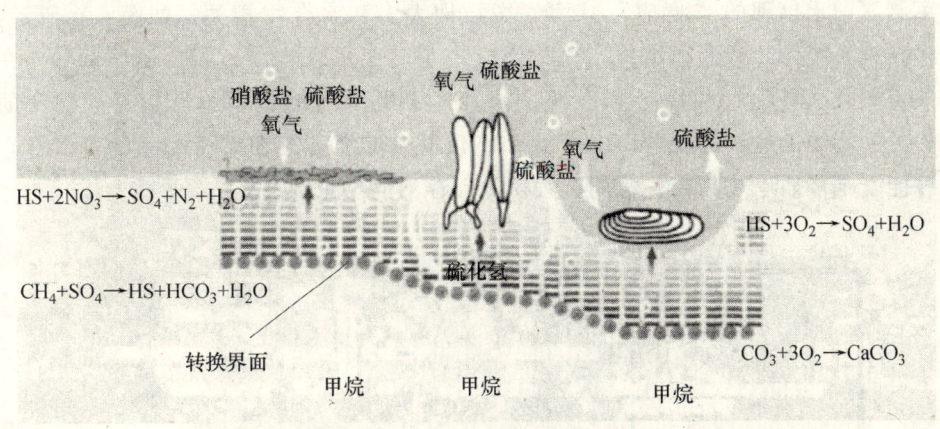

图 4.4　海底冷泉生物体系

4.4　天然气水合物海底地形地貌标志

天然气水合物分布与海底地貌关系密切，麻坑地形、碳酸盐岩结壳、海底冷泉、冷泉生物群落、泥火山以及断层系统等特殊构造都可以视为海域天然气水合物找矿的地貌标志（栾锡武等，2008）。图 4.5 给出了水合物形成及水合物与海底泥辟、流体溢出地貌的关系，图中说明了气体水合物的形成以及由于气体的运移、溢出而在海底形成麻坑、丘状体等地形地貌的模式，概括了天然气水合物和海底地形地貌的关系。

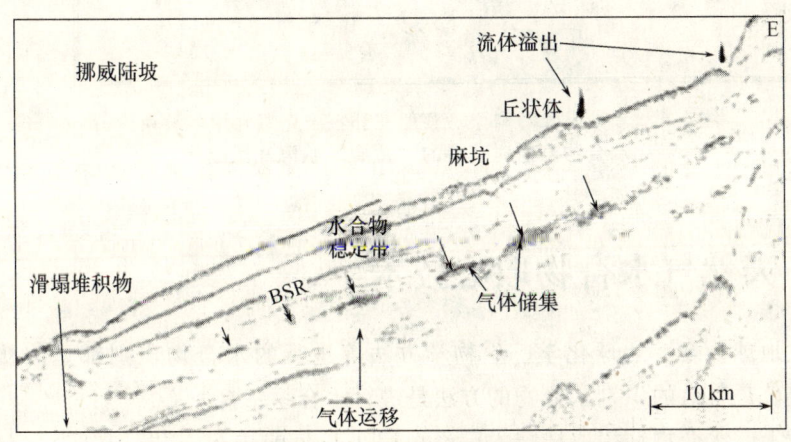

图 4.5　天然气水合物的形成及其与海底地形地貌的成因关系

目前，国际上精密条幅海底地形测量技术正在开发中，它主要使用多波束条幅测深和精密声相干相结合的技术来进行水合物的海底地貌探测。调查发现，多波束测深图上出现的"痘瘤"状海底微结构大多和水合物相关，如图 4.6 所示。除多波束系统外，旁侧声纳技术也广泛应用于海底水合物微地貌探测。例如，在布莱克海脊，科学家利用旁侧声呐技术发现了甲烷和硫化氢等气体沿着切穿的 BSR 的断层向上运移的现象。在甲烷和硫化氢渗流之处存在大量的生物群落，它们可能就是依靠甲烷和硫化氢的持续供给而存活的。

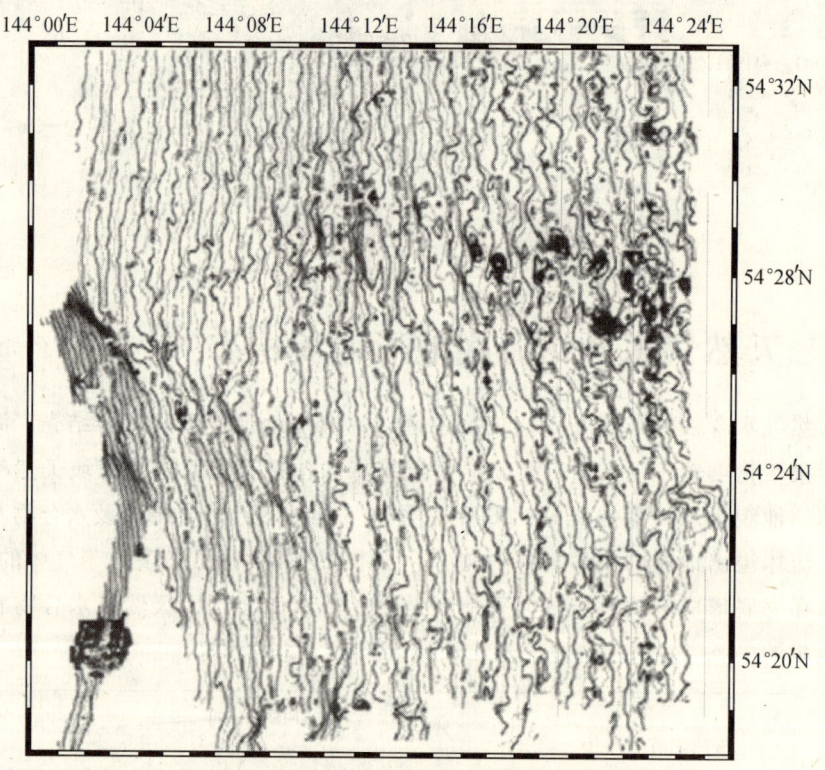

图 4.6 "太阳号"科学考察船在鄂霍茨克海利用多波束进行
水合物测量时获得的"痘瘤"状海底微结构

4.5 天然气水合物取心技术

通过地球物理、地球化学、生物学方法等进行的水合物识别都是间接方法，而最直接、最有效的识别水合物的方法是进行水合物钻探取心。

国际上，水合物钻探取样技术已经取得了长足的进步，并且在实践应用中不断得到完善。目前已应用各种取样工具在世界许多地方获得了海洋和永冻土地区的水合物样品，例如布莱克海岭、里海、加拿大的 Mallik 地区、日本的南海海槽以及印度、中国、韩国等。尽管我国也在南海海域成功地取得了天然气水合物样品，但我国的水合物取心工具和技术与国际水平尚有较大的差距。目前我国正在开展天然气水合物取心器的研制工作，相关文献报道了取心设备的设计构想及关键技术，但要实现实际的取心还有许多工作要做。王智锋（2009）、胡海良等（2009）以及朱海燕等（2009）从不同角度对国外天然气水合物取样技术进行了概述。笔者在此基础上，对国际上天然气水合物取样技术的关键工具——取心装置进行了详细的综述，重在阐述国外取心装置的结构及技术指标，并对研发历程及应用情况作了概述，以期为国内天然气水合物取心装置的研制提供一些参考。

4.5.1 保温保压取样装置

天然气水合物取样技术大体上可以分为保温保压水合物取样技术和非保温保压水合物取样技术。要获得保持原位压力和温度的高保真岩心样品，必须采用保温保压取心器。目前国际上应用的保温保压取心器包括：日本研制的 PTCS（pressure temperature core sampler）、国际大洋钻探计划（ODP）采用的保压取心器 PCS（pressure core sampler）、Fugro 保压取心器 FPC（Fugro pressure corer）、HRC（HYACE rotary corer）、国际深海钻探计划（DSDP）采用的保压取样筒 PCB（pressure core barrel）等。一般而言，在一个地区进行水合物取心时，常常会综合使用几种不同的取心器，这是因为目前的保温保压取心器的保温、保压性能及岩心回收率等性能参数不太稳定，而且对于不同的天然气水合物区域每种取心器的作业性能有些差异。在印度洋进行取心时采用了 FPC、HRC 以及 PTCS 取心器；在墨西哥湾地区取心时采用了 FPC、HRC、FC（Fugro corer）、FHPC 等取心器；在加拿大 Mallik 地区和日本南海海槽取心时采用了 PTCS 取心器；在中国南海进行天然气水合物取心时采用了 FHPC（Fugro hydraulic piston corer）、FC、FPC 等取心器；在布莱克海脊取心时采用了 PCS 取心器。

1. PTCS 取心器

该取心器是由日本石油公司石油开发技术中心委托美国的 Aumann & Associates 公司进行设计、制作和室内试验的，该取心器的大体结构如图 4.7 所示（Masayuki 等，2006）。PTCS 使用直径为 269.875 mm 的取心钻头获取直径为 66.675 mm、长 3 m 的岩心。盛放岩心的内筒由电线送入，并通过直径为 168.275 mm 的钻杆。内筒通过球阀机构来维持井下压力，并利用物理学的珀耳帖效应，通过电池动力驱动的热电冷却装置来维持井下温度。内筒是绝缘的，以利于热电冷却装置效应的发挥。仪器的保温功能主要通过在岩心衬管和内管之间增加保温材料和注入液态氮来实现,并在钻进过程中配合使用泥浆冷却装置以及低温泥浆。当取心筒到达地面时,将其放入特殊设计的装置中,使样品的温度冷却到 5 ℃ 或者更低。

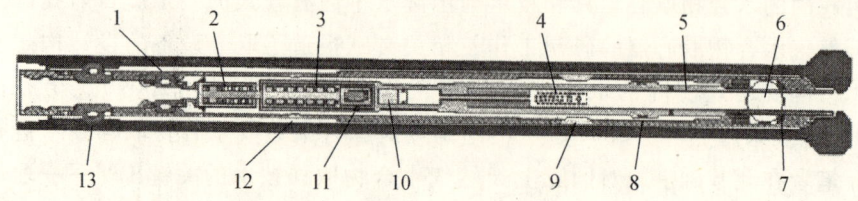

图 4.7 日本的 PTCS 取心器的基本结构
1. 球阀闩;2. 轴承和弹簧;3. 电池和控制电子线路;4. TEC 和控制电子线路;5. 内筒;
6. 球阀;7. 球阀座;8. 上部座;9. 密封短节;10. 压力控制系统和蓄能器;
11. 磁性开关;12. 磁性短节;13. 内筒闩

主要的技术指标如下:
(1) 绳索能够下放,采用回收式内岩心管;
(2) 钻头直径为 66.7 mm,岩心直径为 66 mm,取心长度为 3 m;
(3) 保压系统为 30 MPa,利用氮气蓄压器控制压力;
(4) 采用绝热型内管和热电式内管冷却的保温系统;
(5) 采用 219.1 mm 钻铤和 168.3 mm 钻杆。

对该取样系统进行了两次现场的试验,一次是 1998 年 3 月,在加拿大 Territories 西北的马更些三角洲陆地永冻区;另外一次是 1998 年 12 月,在日本的 Kashiwazaki JNOC 试验井。在现场试验的基础上,对 PTCS 存在的问题进行了改进和完善,而后应用于加拿大的 Mallik 地区,日本南海海槽以及印度洋地区 (Back 等,2001)。

在日本南海海槽的水合物钻探中,PTCS 用于主井眼和辅助勘查井 2 的取心工作。在主井眼的 1 175 ~ 1 254 m 井深钻探中,使用 PTCS 工具进行了保压和保温取心,花费了 4.5 h 取心 3 m,并通过电缆作业将其回收重置到一个空筒中。总计花费了 5 d 完成 27 次指定层位的 PCTS 工具下入,平均收获率为 37% (在 79 m 的岩心段获得 29 m 岩心)。另外,一些岩心筒中是空的,另一些则是满的。大多数岩心筒保持了井下的温度和压力,少部分保温、保压失败。在辅助勘查井 2 的应用情况如下:在 1 149 m 处下入 12 次,在 1 158 m 处下入 3 次,在 1 178 ~ 1 187 m 处下入 3 次,在 1 199 ~ 1 214 m 处下入 5 次,在 1 220 ~ 1 223 m 处下入 1 次,共计 36 m,花费 2.5 d 取出 16.9 m 的岩心,平均收获率为 47%,比在主井眼中高 10%。

PTCS 取心器在 Mallik 陆地永冻地区的应用情况如下 (Hideaki 等,2003):在整

第4章 天然气水合物勘探和开发技术

个7d钻探过程中,从885 m处开始取心,一直到1 151 m,共计进行了48次取心。从262.1 m厚的水合物层段中取出岩心约为192.56 m,整体岩心回收率为73.5%,其中水合物层段岩心回收率超过90%,远超过1998年在Mallik 2L-38井33%的岩心回收率。

2. DSDP-PCB取心器

DSDP-PCB是深海钻探计划使用的保压取样筒,它与ESSO-PCB、Christensen-PCB、美国的PCBBL、中国大庆的MY2215的整体结构基本相同,都采用双管单动式取心筒,但DSDP-PCB是通过绳索直接提放内取心筒的,而其他几种取心筒必须通过提钻方式提取。

DSDP-PCB的基本结构如图4.8所示(Kvenvolden等,1983),PCB工具一般由钻头卡心部分、球阀机构、内外岩心筒总成、压力补偿系统、轴承悬挂总成以及上部差动机构六部分组成。外筒与取心钻头连接,传递钻压和扭矩。内筒是非旋转的薄壁管,悬挂在用钻井液润滑的轴承上,它不但是容纳岩心的容器,同时也是保存切割后的岩心的腔体,其长度适合于运输。PCB工具上部的差动装置具有伸缩功能,并带有锁闭和释放机构,可利用内外六方传递扭矩。PCB工具下部是球阀总成,这是工具下部的密封系统。PCB一般较长(4.5~10.0 m),故需庞大的卸压采气装置,且心样需切割后在内管封装保存。压力补偿系统包括高压氮气储气室、一个可调节的压力调节器以及相关的供给氮气的阀门组机构。阀门组机构可预先调节到规定的压力,提钻过程中可恒定地向内筒补充压力,直到与地层压力平衡为止。

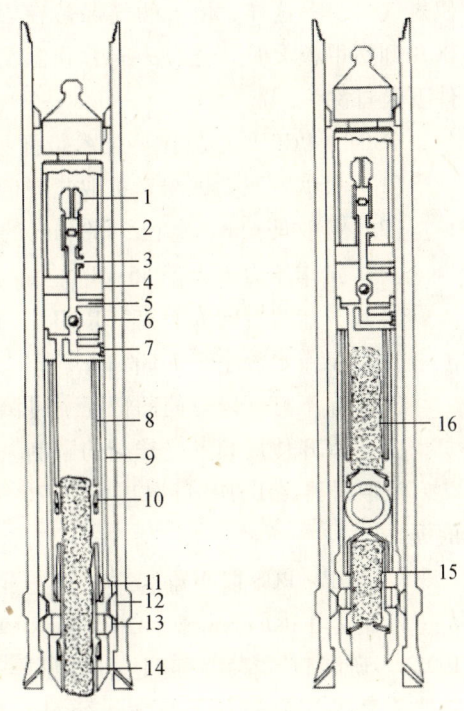

图4.8 DSDP-PCB取心器的基本结构
1. 泄压阀;2. 蓄能器;3. 取样口;4. 样品短节;5. 流体排出孔;6. 机械闩;7. 泄压短节;8. 岩心内衬;9. MP35N岩心筒;10. 岩心抓;11. 球阀;12. 支撑轴承;13. 闩;14. 岩心;15. 非保压岩心;16. 保压岩心

基本工作流程如下:工具下井前,在内筒中预先填充一种非侵蚀性的胶体密闭液,它在钻进过程中不断地把岩心包封起来,保护岩心免遭钻井液的污染。PCB是由一套绳索高压取心筒组成,在其底部装有球阀,球阀上有直径58 mm的孔,在其上部有取心机构、排气孔和减压阀。取心筒沿着钻具下放并与钻头锁紧。当钻完进尺后，上提钻具割断岩心，然后投入一个钢球，使之坐于滑套球座上，待钻井液返出且泵压正常时，说明滑套到位。此时，在外筒重力作用下，内外六方脱开，外筒下移，其重力作用在球阀半滑环上，半滑环使球体产生一定扭矩并旋转90°而关闭球阀，使岩心密封在内筒中。割心时，上提钻具，岩心爪卡断岩心，并把岩心扶正到球阀内。卡断岩心后，下放绳索打捞工具并开锁到 PCB 上。向上提升绳锁，产生的拉力激活一系列机构，首先使球阀和排气孔关闭，最后打开释放机构，使取心筒脱离钻具。在 PCB 被提升过程中，减压阀通过排出浮动活塞蓄压器中的氮气保持内部压力不大于 34.4 MPa，或者通过沉淀池和过滤器排出过高的压力。而且浮动活塞蓄压器被预先充以 27.5 MPa 氮气，一旦筒内压力超过 27.5 MPa，浮动活塞将压缩氮气。当取心室的压力超过 34.4 MPa，减压阀打开仅使氮气排出，这样，使天然气保持在岩样中，且使减压阀不会被沉积物堵塞。当 PCB 到达甲板上时，岩心的压力和温度可被监测，高压天然气和流体在控制的条件下被排除。

DSDP - PCB 取心器主要技术指标：

（1）机械室驱动，绳索提取，在同一回次中可取几段岩心；
（2）可取长 6 m、直径 57.8 mm 的保压岩心；
（3）工作压力不大于 35 MPa；
（4）只能与旋转取心筒（RCB）、孔底收集管（BHA）联合使用；
（5）工作水深小于 6 100 m；
（6）在不打开岩心筒的情况下可测量岩样的压力和温度；
（7）PCB 使用频率受球阀的限制（调整需 2~5 h）。

该取样器在 DSDP Leg42、62、76 等航次中获得应用，但取心率有待于进一步的提高。

3. ODP - PCS 取心器

PCS 是由 Pettigrew 设计用来在 ODP 中代替 DSDP - PC 取心器的（Pettigrew，1992）。研制 PCS 很大程度上是希望提高取心率和维持天然气水合物样品的稳定性，该取心器的研制被认为是重大突破，相关资料被 *Nature* 杂志刊载（Dickens 等，1997）。

PCS 是一种自由下落式展开、液压驱动、钢丝绳提取的取心工具，它不但采用了目前的油田压力取心技术，还采用了 DSDP 中的取心技术。PCS 可以和 ODP 中使用的孔底收集管（BHA）、活塞取心管（APC）以及加长岩心管（XCB）联合使用，这样就能从海底松软地层到坚硬地层都可取出维持原压的样品。图 4.9 是对 PCS 取心操作的图解说明，PCS 的主要组成部分包括：

（1）锁紧装置。锁紧装置是一个修改了的 XCB 锁闩，有一个固定点供 PCS 自由落体展开时支撑它,并通过它传递 BHA 的扭矩给 PCS。

(2) 启动装置。启动装置有一个双弹卡系统,它锁住球阀使之在取心过程中保持打开状态,而在启动后又使之关闭。

(3) 蓄能器装置。蓄能器装置含有一个蓄能器,起到补偿压力和保压的作用。

(4) 多支管装置。多支管装置含有一些集成阀,用来隔离样品腔并使之能够在保压的情况下从 PCS 中移走。

(5) 球阀装置。球阀装置使得样品腔在被启动时具有较低的密封性,当启动装置推动心管通过球阀装置时,球阀在机械力的作用下关闭。

(6) 可拆卸的样品腔。可拆卸样品腔由多支管装置、球阀装置和压力套管组成。

一旦孔底岩心样品被切断提取,钻探泥浆泵就会关闭,同时取心钢丝绳和 PCS 相连接,将之提高使 BHA 上的固定座释放启动球,然后又会下降 PCS 使之回到 BHA 固定座上,钻探泥浆泵也会重新启动以加压钻柱,这就会使 PCS 的启动装置工作,将样品腔关闭。之后通过取心钢丝绳将 PCS 提取出来,提到甲板后,可拆卸的样品腔

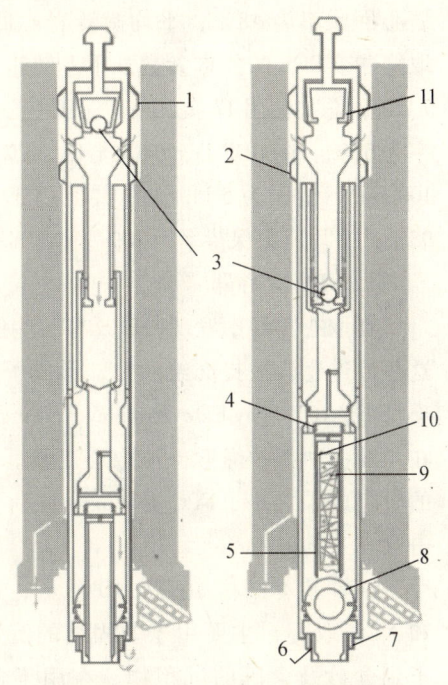

(a) PCS在钻进获取岩心的过程　(b) 切割岩心后的状态

图 4.9　ODP - PCS 取心器的基本结构及工作流程
(箭头示意流体走向)

1. PCS 横闩;2. 台肩;3. 启动球;4. 岩心筒轴承;
5. 岩心抓;6. 循环喷嘴;7. 导向钻头;8. 球阀;
9. 岩心;10. 非旋转岩心筒;11. 球托

会被迅速取出并放到一个温度受控制的液缸中,然后将取样多支管与之相连,最终取出气体或液体样品。

ODP - PCS 取心器的主要技术指标:

(1) 自由下落式展开、液压驱动、绳索提取;

(2) 可取长 86 cm、直径为 42 mm 的心样;

(3) 可与 APC/XCB/BHA 联合使用;

(4) 岩心室长为 1.8 m,直径为 92.2 mm;

(5) 保持压力为 70 MPa;

(6) 工作温度为 $-17.78 \sim +26.67$ ℃。

ODP - PCS 取心器曾在 ODP Leg124、139、141、146、164、196、201、204 等航次中使用(D'Hondt 等,2003;Gerald 等,2003;Abegg 等,2008)。1995 年,

在 Leg164 中使用 46 次，成功保压取心 24 次，平均压力保持率为 77%，平均推进岩心回收率为 48%，平均旋转岩心回收率为 14%。在 ODP Leg201 秘鲁大陆边缘取样中，PCS 的操作参数如下：转速为 100～120 rpm，流量为 100～200 gpm，钻压为 7 klbs，总共使用 17 次，成功保压取心 13 次，平均岩心回收率为 76%，平均压力保持率为 67%。在 ODP Leg204 取心时，PCS 的操作参数如下：转速为 80～100 rpm，流量为 100 gpm，钻压为 5 klbs，总共使用 39 次，成功保压取心 30 次，平均岩心回收率为 95%，平均压力保持率为 30%。

4. FPC 取心器

在取心实践中发现，PCS 有一些值得改进的地方，这些改进建议被提交给欧盟，形成了一个三年的研究项目 HYACE（hydrate autoclave coring equipment），旨在开发一种新的绳索保压取心工具。FPC 就是该项目的研究成果之一，FPC 是 Fugro 在荷兰开发的一种冲击取心工具。

FPC 基本结构如图 4.10 所示，通常是通过 APC 和 XCB 取心，主要用于非固结的沉积物，包括从黏土到含砂及含砾的沉积物。在用于含水合物沉积物时，最适于水合物和地层没有明显胶结的情形。FPC 通过液压循环产生的锤击机理驱动岩心筒进入沉积物层，由于锤击很快，在沉积物中就像是挤岩心。取心器内部包含一个橡胶衬垫，能够保证在原始压力下实现样品转移到其他的压力容器中。该取心器能回收 1 m 长的沉积物岩心，并通过高压釜实现保压。回收的样品要尽可能快地放入到冰浴中。

FPC 液压锤击式取心工具的作业程序如下：

（1）FPC 总体较长，需从转盘面卸开钻杆接头，用卡子将 FPC 工具坐在钻具母接头的台阶面上。FPC 的下入工具是从顶驱顶部开孔放入的，将下入工具和 FPC 连接后下入并送到钻具组合中坐落短节内的台阶处坐好，上提、下放工具确认到位后，根据水深放松送入钢丝 0.127～0.254 m。

（2）取心前关上海底基座的卡子，夹住钻具，防止钻具摇摆。

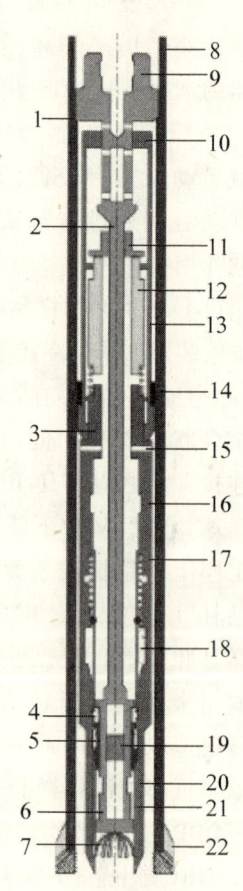

图 4.10　FPC 取心器的基本结构

1. 联顶环；2. 活塞杆；3. 承撞件；4. 销钉；5. 卡爪；6. 活塞；7. 岩心抓；8. ODP-BHA；9. 打捞颈；10. 泄压机构；11. 阀；12. 震动块；13. 锤室；14. 密封；15. 渣孔；16. 高压釜；17. 套；18. 阀；19. 蓄能器；20. 外筒；21. 衬里；22. ODP 牙轮钻头

(3) 打开钻柱补偿器，下探钻头到井底。

(4) 钻杆内加压 4~4.5 MPa，从转盘面的钻杆内可以听到取心工具重锤工作时的声音。

(5) 约 5~10 min 后，泵压下降，取心结束，停泵，卸压。

(6) 上提钻具协助钢丝绞车将取心筒提进钻具内，在上提钢丝的同时将取心内筒提入工具内的保压腔。

(7) 回收 FPC 取心工具至海底泥线处，静止 20~30 min。

(8) 在海水中回收 FPC 取心工具，进入温越层之前应采用慢速，进入上部温越层后要加快回收速度，到达转盘面后要将 FPC 工具尽快放入冰水中降温。

(9) 降温结束后尽快将岩心连带保压筒卸下，置入冷库中进行测压等作业。

FPC 取心器在陆地上试验成功后，曾首次应用于 JOIDES Resolution 的 ODP Leg194，但效果不好。后来应用于 Leg201，但井眼不是很理想。改进后应用于 Leg204，取得了较好的效果。2005 年，应用于墨西哥湾的水合物勘探，共计使用了 9 次，其中 3 次成功保压取心，平均岩心回收率为 38%。

5. HRC 取心器

HRC 取心器也是 HYACE 项目的研究成果之一。HRC 是德国 Clausthal & Berlin 技术大学开发的。HRC 取心器用于稍微固结的地层中，利用反转马达驱动钻头前部管靴，可深入沉积物达 1 m 左右，能够获得直径为 51 mm 的岩心（Rothfuss，2003）。与 FPC 类似，HRC 也是通过一个特殊的翻板阀密封保持压力的，设计的保持压力为 25 MPa。切割旋转的岩心时，HRC 要与井下泥浆马达联合作用。螺旋形的钻头能够延伸到循环海水达不到的地方，以此切割岩心，并尽可能地保证岩心不受污染。HRC 也适用于较好固结的沉积物和岩石，通常采用加长岩心管（XCB）和旋转取心筒（RCB）进行取心。这种取心器内部包含一个橡胶衬垫，能够保证在原始压力下实现样品转移到其他的压力容器中，其基本结构如图 4.11 所示（Anders 等，2008）。HRC 取心器在

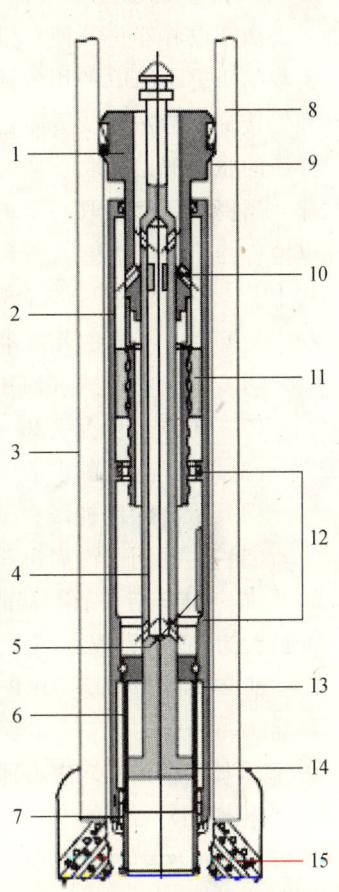

图 4.11 HRC 取心器的基本结构
1. 具有销装置的台肩；2. 万向节；
3. 延长挡板；4. 多用途中心杆；
5. 瓣阀；6. 内筒；7. PCD 取心钻头；8. ODP–BHA；9. 支撑台；10. 分流器；11. 滑动转筒；
12. 高压釜部分；13. 外筒；
14. 活塞；15. ODP 牙轮钻头

2005 年的墨西哥湾应用了 9 次，有两次成功保压取心，岩心回收率为 20%。

4.5.2 非保温保压取样装置

非保温保压水合物取样装置包括活塞取心器 APC、德国多管深水极浅层取心器 USEP、Fugro 水力活塞取心器 FHPC、Fugro 取心器 FC 及重力取心器。这些取心器多是利用重力或者水力原理，用于露头取样、表层取样或者浅层取样，可以实现水合物的原位取样，但一般保气性较差，且不具备保温保压的功能。

1. 活塞取心器

活塞取心器是一种专门的用于海底软淤泥和沉积物取样的工具，有过水合物回收的历史。ODP 使用的活塞取心器是一种液压式活塞取心工具，主要由定位和补偿接头、活塞杆、缓冲器、活塞、取心管、闭锁装置等组成。取心器活塞在钻井液的驱动下，在取心管的底部以静力推动牵引取心管压入软淤泥和沉积层中取样。当提取活塞式取心器时就开始测量沉积物的温度。温度测量系统由电路板、电池容器、温度传感器等组成，可编程的记录仪和电池容器放在一个圆柱形结构中。

活塞取心器的主要技术指标如下（汤凤林等，2002）：

（1）可为振动式和液压式活塞取心器；

（2）工作温度为 $-20 \sim +100$ ℃；

（3）除了必需的取心时间外，需要的时间很少；

（4）取样深度较浅，一般为 $120 \sim 150$ m；

（5）主要用于海底沉积土样、非专门的水合物取样；

（6）ODP 活塞取心器的取心深度为 250 m，取心外管的内径为 86 mm，取心长度最大为 9.5 m，取心压力最高为 14.4 MPa。

活塞式取心器是 ODP 必备的取样器，各航次都有使用，曾回收到水合物样品。

2. 德国的 USEP 取心器

德国"太阳号"科学调查船配套的多管深水极浅层取心器 USEP 是利用钢缆承重并实现连接的。该型取心器包括 6 个取心管、8 个水下支撑架以及气体流量计、深水实时电视摄像机、自动测距记录传导仪、异频雷达收发器等。USEP 取心器可以实现深海浅表层天然气水合物原位样品的采集，但不具有动力和保压保温的功能。该型取心器还不能算是真正意义上的直接固定在深海海底的天然气水合物钻探、取心样品采集工具。

该型取心器的特点是简单、可操作性强，可以针对海底极浅层目标进行工作。1999 年 7 月，该型取心器随德国"太阳号"深海科学调查船在东太平洋

Cascadia 边缘"水合物海脊"处获得了多个长 80～140 cm 的岩心柱。在岩心柱距海底 9 cm、30 cm、60～112 cm 等处分别发现了 2～6 cm 厚的层状、小团块状或星点状天然气水合物实物样品。2004 年在我国南海海域，由 USEP 取心器首次发现了天然气水合物气体"冷泉"喷溢形成的巨型碳酸盐岩，并首次取得了碳酸盐结壳样品。

3. FHPC 取心器

FHPC 液压活塞式取心工具是一种由钢丝送入和回收的钻杆内非保压取心工具，可以实现连续、不间断的操作，获得高的取心收获率。该工具适合于极软地层的取心作业，一般适用于泥线以下确定硫酸盐－甲烷界面（SMI 界面）的取心，取心长度可以在 4.67 m、7.62 m 和 9.14 m 之间转换。

FHPC 取心器的基本结构如图 4.12 所示，其取心作业程序如下：

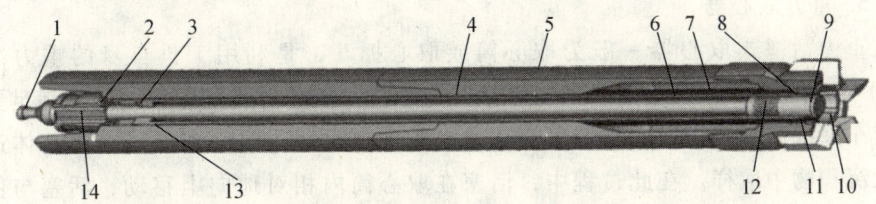

图 4.12 FHPC 取心器的基本结构
1. 牵引头；2. 联顶环；3. 剪切销钉；4. 密封筒；5. FHPC 外壁；6. 岩心筒衬里；
7. 岩心筒；8. 下部联顶环；9. 活塞；10. 水眼；11. 切销鞋；
12. 活塞密封；13. 岩心筒密封；14. 水眼

（1）用专用钢丝绞车将 FHPC 工具送至钻具组合中坐落短节内的台阶处坐好，此时 FHPC 工具的切削鞋正好处于钻头处；

（2）在地面上，通过液压泵向钻杆内加压直至其压力能够剪切 FHPC 工具上的剪切销钉（通常压力要达到 12～15 MPa），使取心筒在液压的作用下发射出去；

（3）取心筒通过钻头中心孔在液压的作用下进入地层取心，当 FHPC 工具内的活塞行程结束后液压迅速下降；

（4）上提钻具过提割心；

（5）上提钢丝，回收 FHPC 工具。该取心设备曾在 Atwater Valley 13 2 和 Keathley Canyon 151-3（KC 151-3）获得应用（Ruppel 等，2008）。

4. FC 取心器

FC 液压锤击式取心工具也是一种由钢丝送入和回收的钻杆内非保压取心工具，取心长度为 3.04 m，适合于软地层，一般安排在 FHPC 取心器不能使用的深度进行取心作业。FC 液压锤击式取心工具的作业程序如下：

（1）FC 工具总体较短，可以直接从顶驱的顶部开孔下入钻杆中，FC 工具到位后，其上有一止动环坐在钻头上；

（2）FC 工具到位后在钻杆内加压 3.5~4.5 MPa，在转盘面的钻杆内可以听到取心工具中重锤工作的声音；

（3）约 5~10 min 后泵压下降，取心作业结束，卸压；

（4）通过上提钻具协助钢丝绞车将取心筒上提，进入钻具内，回收 FC 工具。

FC 取心器使用 3 m 和 4.6 m 的岩心筒，岩心筒在钻头的外面。通过泥浆水锤作用，钻杆把岩心鞋推进地层，典型的水锤压力为 2.72~6.12 MPa，FC 的平均岩心回收率为 59%，但气体保持率很低，常常保不住气体。该取心器曾应用于 GOM - JIP 的 Keathley Canyon。

5. 重力取心器

重力活塞式取心器一般为取心筒或取心抓斗，是利用工具自身的重力冲抓（套）水合物样的，主要用于海底浅表层的取样。施工时需配备调查船和满足要求的绞车及起吊设备，取心器切割头依靠自重在离水底一定距离处以自由落体运动插入沉积物中取样。在此过程中，活塞在取心筒内相对地向上移动，活塞与保真取心筒之间有较好的密封，在活塞的下方可以形成局部真空，样品可顺利地进入取心筒内。取心器回收时，活塞带动保真取心筒自下而上地穿过球阀或平板阀，实现保压功能。活塞式取心管可以推迟"桩效应"的出现，提高取心率及降低对样品的扰动，目前国内外应用广泛，技术也比较成熟。德国科学家使用重心取心器已成功地取得了体积较大的水合物样品。

随着天然气水合物取样实践的不断开展，国际上已初步形成了完整的天然气水合物钻探取样技术，包括技术体系、设备研制与工程作业等，并在实践中不断地对取心器的技术和性能进行完善，同时逐步开发出新的取心技术及工具。在国内，尽管已经开展了天然气水合物的取样技术工作，并且取得了一些成果，例如浙江大学设计的重力活塞式保真取心器（李世伦等，2006；Chen 等，2006）及第一海洋研究所设计的天然气水合物深水浅孔保温保压取心钻具等，但还属于起步研究阶段，取心深度较浅，保温保压性能尚需进一步的验证。在水合物取样的大多研究领域仍旧是空白的，与国际差距较大。

目前 PTCS 应该算是最先进的天然气水合物保温保压取样设备。从国际经验看，要获得接近于地层温度压力的天然气水合物样品，关键是：

（1）获取岩心时应尽量减少外界引入的温度和压力扰动，因此取心时要在岩心外部喷涂保护液或者采用橡胶设备对岩心进行保护；

（2）取心器要具备优良的保温保压系统，同时，也要加强对泥浆体系的研究，提高取心器的保温保压性能；

（3）能够快速地把取到的岩心提取上来，尽量缩短时间。

虽然深水浅层取心较容易获得样品，对初期研究具有积极的意义，但从长远角度来看，应着重研究适合深水深层钻探取心的设备及技术，因为对于未来大规模的天然气水合物开发，无论是从商业角度还是从风险安全角度考虑，必定是以深层水合物为目标的。对于陆地永冻区的水合物的钻探取心而言，从目前国际上已有的经验来看，深水取心器是可以同时满足陆地和海域工作条件的。

4.6　天然气水合物开采方式

随着人们对天然气水合物研究的不断深入，天然气水合物的勘探技术也日趋完善。但是如何把天然气从水合物中开采出来作为能源利用，至今还没有很成熟的技术，很多开采方案只是概念模式，而开采技术和工艺还停留在理论和实验阶段。此外，天然气水合物的不合理开发也可能导致全球性的气候灾难（Kvenvolden，1988）。因此，如何解决天然气水合物开采的安全性、有效性和经济性问题，将是人们面临的最大挑战。

天然气水合物与常规传统型能源不同，煤炭在矿井下是固体，开采后仍是固体；石油在地下是流体，开采后仍是流体；而水合物在埋藏条件下是固体，在开采过程中其形态将会发生变化，会从固态变为气态和液态，也就是说，水合物在开采过程中会发生相变。针对天然气水合物的这一特性，其开采的基本原理是围绕着如何人为地改变天然气水合物稳定存在的温度和压力条件，促使其不稳定发生分解，进而产出天然气。图4.13给出了打破天然气水合物稳定状态的方法，如图中 A 点所示，可以通过降低水合物矿藏的压力、提高水合物矿藏的温度、向水合物矿藏中注入化学剂等使处于稳定状态 A 的水合物发生分解。图4.13中双点划线表示化学剂注入引起相平衡曲线的移动。据此，天然气水合物开采技术大体上可分为以下三类：降压法、注热法、化学试剂法。

4.6.1　降压法

通过降低水合物矿藏压力至水合物相平衡压力之下而引起水合物分解。如图4.13中 A 点所示，降低压力使得处于 A 点状态的水合物下移至相平衡曲线之下，从而不稳定地发生分解，达到使天然气水合物分解的目的。图4.14也详细地给出了降压法开采水合物的基本原理。首先，减小水合物层中的压力。不断的生

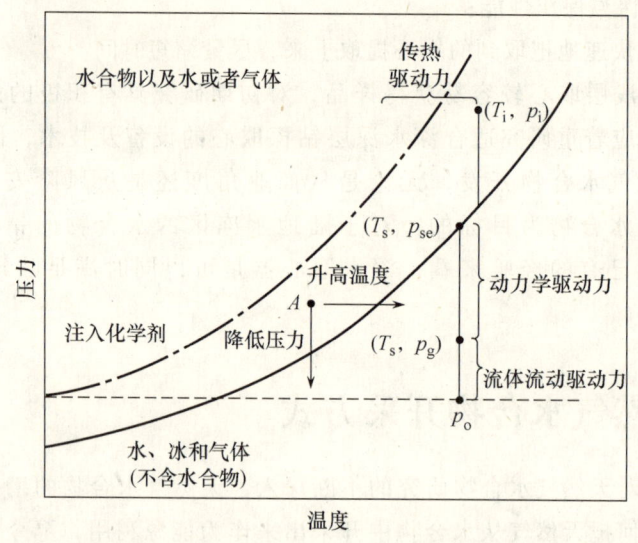

图 4.13　各种方法所引起的天然气水合物相平衡曲线移动

产导致了层中压力逐渐降低，直至低于水合物的相平衡压力。水合物有自己的蒸汽压，因而当降低压力时，水合物必须分解以保持其蒸汽压。井生产时的层中压力降低用 p_o 来表示，它随着时间的变化而变化。压力降低传到水合物和流体表面时为 p_g，p_g 和 p_o 之差就是流体流动的驱动力。Kim 等（1987）指出，在某一温度下，水合物本征分解速率正比于打破笼型而释放出气体分子所需要的驱动力。在 Kim – Bishnoi 模型中，水合物本征分解的驱动力为包围着水合物粒子的烃类气体与固体水合物表面的逸度之差。对于理想气体来说，逸度等于压力。水合物的相平衡压力为 p_{se}，因此 p_{se} 与 p_g 之间的压力差就是水合物分解的驱动力。当水合物分解时，其温度降低，水合物和流体接触面上的温度为 T_s，水合物层的初始温度假定为 T_i，T_s 小于 T_i，T_i 与 T_s 的温差就是水合物分解吸热所产生的。因此，在水合物和周围的环境之间就会产生温度梯度，在驱动力 $T_i - T_s$ 作用下，热量从周围的岩石和流体流向水合物分解区域。另外，也存在着流体流向或者离开分解区域时的对流换热。持续保持着低压力，水合物就继续分解，热量就不断地流向水合物。如果存在着可流动的流体，就能够把压力传递到水合物区域中，那么水合物的分解就会在较为广泛的区域中发生。由此，水合物的分解过程包括了多相流体流动、对流和热传导以及水合物的分解动力学。一些学者建议，在没有弄清楚每种机理对水合物整个分解过程的影响以及水合物的物理化学属性之前，应该全面考虑这些机理的作用（Pooladi-Darvish，2004）。

降压法可以开采两种类型的天然气水合物矿藏，如图 4.14 和图 4.15 所示。

水合物矿藏的底层和盖层都是非渗透层。在一口生产井中可以钻穿盖层而到达水合物层，此时降低井底压力可使水合物的稳定状态发生破坏，最终水合物发生分解，连续产出气体。由于该种类型的水合物矿藏在降压初期的降压面积有限，可能会导致较低的初期产气速度，随着水合物的不断分解，分解面会不断地增加，产气速度也会有所改善。有时为了提高初期的产气速度，可以首先通过注热法或者注化学剂法在井底形成一个较大的天然气"囊"，增大不稳定水合物的面积，提高产气速度。在合适的地质条件下，天然气水合物和气藏常常是伴生的，水合物层由于其渗透率较低

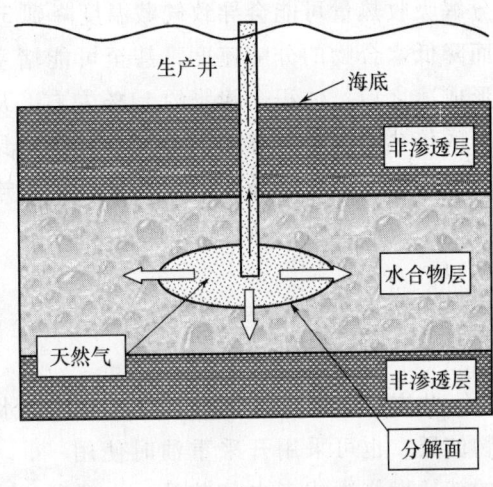

图 4.14　降压法开采水合物矿藏的示意图

可作为盖层封闭游离的天然气藏，如图 4.15 所示。此时，可在生产井中钻穿水合物层到达自由气藏，通过开采水合物层之下的游离气来降低储层压力，使得与天然气接触的水合物变得不稳定而分解。该方法是一种很有效的降压开采方法。此外，还可通过调节天然气的开采速度达到控制储层压力的目的，进而达到控制水合物分解速度的效果。西伯利亚的 Messoyakha 气田就是这种埋藏情况。据估计，大约有 36% 的天然气产量来源于上覆的水合物层（Makogon，1981）。近期研究表明，类似的气田，例如加拿大的马更些三角洲上覆的天然气水合物储层会明显地延长气藏的生产寿命。在加拿大西北部地区的 Mallik 油田，美国阿拉斯加的 Prudhoe 湾/Kuparuk 河区域以及日本南海海槽三个地区已经进行了现

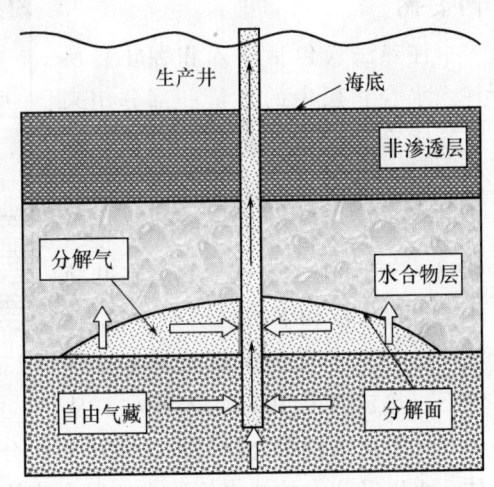

图 4.15　降压法开采上覆在游离气藏之上的水合物矿藏的示意图

场的钻井和测试，结果显示，一些地区的水合物层下面有自由气层的特征，说明降压法可能是一种可行的开采方法。

在降压法开采中，由于气藏中没有热源，因此水合物分解所需要的热量必须从周围的环境中获得。从周围环境中获得热量的能力决定着整个水合物的分

解过程,所需的大量的分解热会导致降压过程中温度降低。计算表明,水合物分解吸收热量可能会导致气藏温度降到32 ℉以下,释放出来的水会变成冰,从而降低水合物的分解速度,甚至可能堵塞流体流动的通道,因为同等质量的水形成冰之后,体积会膨胀约11%左右,从而堵塞孔隙通道。因此,只有存在较大的传热面积和分解面积时,或者储层具有合适的温度时,降压法才具有实际使用价值。降压法最大的特点是不需要连续激发,因而被认为是最经济的开采方法,可能成为今后大规模开采天然气水合物的有效方法之一(Makogon,1974)。

4.6.2 注热法

此方法主要是将蒸汽、热水、热盐水或其他热流体从地面注入天然气水合物储层,也可采用开采重油时使用的就地燃烧法或者电加热法、电磁加热法、微波加热法等。总之,只要能促使温度上升使水合物能够分解的方法都可称为注热法,见图4.16。

注热法(包括注入和吞吐)所注入水合物层中的热量一部分用来升高水合物矿藏的温度,使其达到相平衡温度,另外一部分使得水合物分解成气体和水(Kamath,1998)。实际上,还包括热量在井筒中、上覆岩层和下伏岩层中的损失。注热法开采水合物矿藏的基本流程如下:热流体从井口注入管柱,从

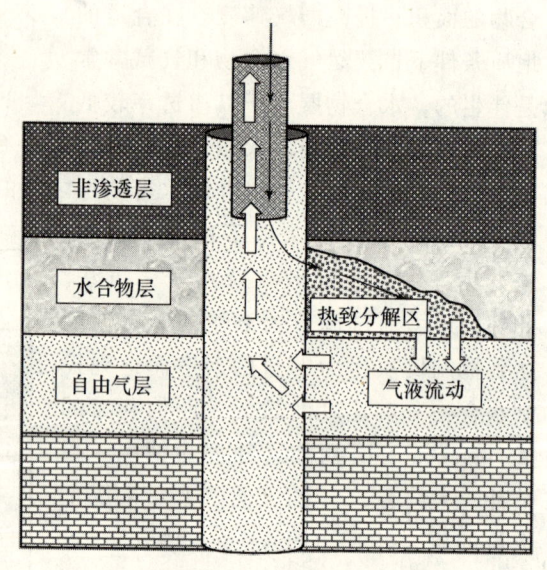

图4.16 注热法开采某水合物矿藏的示意图

射孔孔眼进入到水合物目的层;加热水合物促使水合物分解,而后分解产生的气体、水以及注入的热水等形成的混合流体从管柱及井筒的环形空间返回地面。在高压分离器中和低压分离器中依次进行气水分离,产生的气体可以进行回收。气液分离后的液体被加热和加压,重新注入井底,从而实现循环注热法开采水合物矿藏。

每一种注热方法都有自己的缺点和优点:蒸汽注入和就地燃烧法对于薄层热量损失严重,当注入蒸汽的温度超过400 ℉(204 ℃)时,加热蒸汽的能量要高于产出天然气的能量,即使在很高的注入速率条件下,也会因太多能量损失于周

围环境中而不适用。而对于较厚层而言（大于 15 m），注热法是有效的。热水温度应该控制在一定范围内，要尽量低，以保证热损失少，同时又要达到一定温度，以保证在实际可能的热水注入速度范围内具有经济的产气量。为了避免过多的热损失和过高的注入速度，推荐的热水温度为 65~120 ℃，且井的间距要尽可能地大。由于就地燃烧法会消耗掉一部分天然气，所以产气量减少，产出热值减少，效率低。热水注入法与注蒸汽法以及火烧法相比，热损失要少一些，但是注入的热水在水合物层中的流动控制却是该方法是否可行的关键。和其他的注热方法相比，注盐水法具有如下独特的优势：①在给定的压力条件下，盐水可以降低水合物的相平衡温度。当然，降低程度的大小依靠盐度。②在低的水合物相平衡温度下，分解所需要的热量就会减少，这可由 Clausius – Clapeyron 方程获知。③由于分解温度降低，盐水注入的热损失较注热水和蒸汽要少。另外，也可从临近水合物开采井的地层获得热盐水，特别是在海底环境下，更为容易。地下盐水的典型温度为 302~698 ℉（150~370 ℃），深度在 1 000~1 500 m，盐度在 0.5%~2%。

注热盐水（Kamath, 1987）的施工设计要求是：热盐水的盐度对能量效率比的影响很大，含盐度每增加 2%，能量效率就会有所增长。为提高效果，应尽量提高含盐度，或采用稠化盐水的方法，使用超饱和度的盐水。能量效率比和气产量随着注入量的增大而增加。盐水的注入量要大于 759 m³/d。设计最佳注入温度必须考虑热效应，温度过高过低都会带来不良后果。若采用地热储层的热盐水，地热层的温度便是热盐水温度的上限，一般为 121~204 ℃。天然气水合物储层的孔隙度至少应在 15% 以上。水合物层的厚度不应低于 8 m。针对低渗透率的水合物矿藏，McGuire（1982）提出了压裂后注热盐水的模型，如图 4.17 所示。首先压裂水合物层，然后利用一些盐类（$CaBr_2$ 和 $CaCl_2$ 等）冰点很低（-83 ℃ 和 -55 ℃）的性质，向地层中注入过饱和热盐水和增黏的聚合物。当盐水到达裂缝中之后，由于温度降低，一些盐粒就结晶出来，成为晶体，能够阻止裂缝的闭合，同时也能够阻止裂缝中冰的形成。在不考虑复杂流动的情况下，包括裂缝之间气、热水、冷水的重力分异、相变、边界层流动等，作了初步开采计算。结果表明，即使在 805 m 长、61 m 厚的优质裂缝储层中，压裂后注入热水开采的方法也是不可行的，采出的水合物的能量只占加热水（从 0 ℃ 到 66 ℃）所需能量的 16%。尽管压裂方法是一种比较有效的方法，可以提高水的注入能力，但是该方法的热效率很低，而且裂缝的串流决定着压裂方法的成功与否。实际上，据此并不能说明压裂方法不适合于水合物的开采，因为 McGuire 等假定压裂之后仅产生一条裂缝。实际上，压裂之后可能会产生错综复杂的裂缝，因而，其产能应该会有很大的提高。

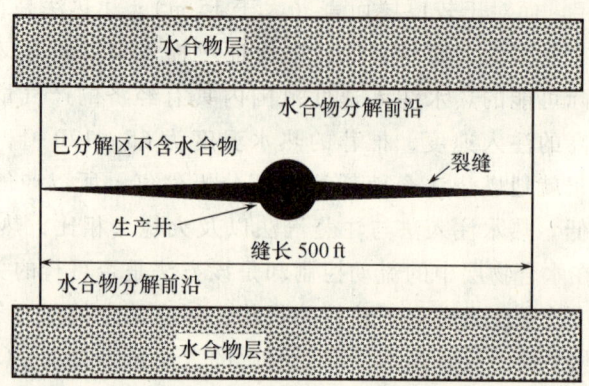

图 4.17 单井开采具有垂向裂缝的天然气水合物的示意图（McGuire，1982）

虽然 Dillon（1999）的计算表明，通过注入热水和蒸汽的方法可以使甲烷以足够大的速度从水合物矿藏中分解出来，但是 Max 和 Lowrie（1996）指出，这些注热方法只可用于永冻区水合物的开采，并不适合于海洋环境中水合物的开采。海洋环境条件下水合物开采的最好方法可能是降压法。注热法的主要不足是能量损失大，效率很低。天然气水合物多存在于环境很恶劣的地方，比如北极地区或者深海等，因此维护和建设这些热设备是非常困难的，特别是在永久冻土区，即使利用绝热管道，永冻层的存在也会大大降低传递给储层的有效热量。近年来，人们为了提高加热法的效率，采用了井下装置加热技术。井下电磁加热方法就是其中之一，在开采重油方面已显示出它的有效性。实验证明，电磁加热法是一种比常规热开采技术更为有效的方法（吴江华，1998）。这种方法就是在垂直（或水平）井中沿井的延伸方向在紧邻天然气水合物带的上下（或天然气水合物层内）各放入不同的电极，再通以交变电流使其生热，直接对储层进行加热。电磁加热还很好地降低了流体的黏度，促进了气体的流动。在电磁加热方法中，选用微波加热是最有效的手段，使用此方法时可以直接将微波发生器置于井下，利用仪器自身重力使发生器紧贴水合物层，其效果更好。同时，发生器可附加驱动装置，使其在井下自由移动。这种方法适合各种类型的天然气水合物资源的开采。与其他方法相比，该方法具有作用时间短、无污染、对人体无害等诸多优点。

4.6.3 注化学试剂法

从井眼向地层中注入某些化学试剂，诸如盐水、甲醇、乙醇、乙二醇、丙三醇等，可以改变水合物形成的相平衡条件，降低水合物的相平衡温度，从而可以使水合物在较低的温度下分解（Sira 等，1990）。化学剂引起的水合物的相平衡曲线左移，如图 4.13 中的虚线所示。添加化学剂较加热法作用缓慢，但却有降低初始能源输入的优点。添加化学剂最大的缺点是费用太昂贵，并且对环境有较大的污染。此外，由于大洋中天然气水合物的压力较高，因而不宜采用此方法。根据 Kvenvolden（1998）的报道，注入化学剂的方法曾在俄罗斯的 Messoyakha 气田使用过，但是实践证明，由于费用太高而不适用于商业应用，后来该气田采用降压法开采。Max 和 Lowrie（1996）用注化学试剂方法在美国阿拉斯加的 Prudhoe Bay-Kuparuk 河气田的永冻层天然气水合物中做过试验，证明在移动相边界方面该方法是有效的，可获得明显的气体回收效果。

初始的经济评价表明（Collett 和 Kuskra，1998），对于同样储量的水合物层，注热法明显要比降压法昂贵，而注入化学试剂方法是这三种方法中最昂贵的。当然，对于传热速率低的水合物层来说，降压法可能会导致不太实际的工业产气速度，此时注热方法便是一种很好的方法。

目前已经成功地在加拿大的马更些三角洲的 Mallik 地区的陆地永冻层的水合物聚集区进行了降压法开采测试。三个较短时间的持续生产表明，仅通过降压法是可以从不同含量和特征的水合物层中开采出气体的。数据表明，水合物层的渗透性比预想的要高，这有利于压力传播和流体的流动。对一个层位进行人工压裂后，发现气体产量明显上升。另外，还对 Mallik 2002 进行了注热水法开采试验，即在一个 17 m 厚的、水合物含量很高的地层中进行了为期 5 d 的注热法开采。该次试验中的总气体常量不是很高，这是因为该试验是控制生产测试，而不是长期生产测试。在 52 h 时，产气速度突然下降，这可能是由地层事故造成的。

4.6.4 天然气水合物开采的新方法

1. 二氧化碳置换法

随着天然气水合物基础研究的不断深入，近些年又涌现出一些新的开采技术，如二氧化碳置换法和微波加热法等。这些方法从不同方面克服了传统开采方法的缺点，并可能成为今后天然气水合物工业化开采的主要技术。

日本学者 Nakano 等（1998）提出了采用二氧化碳置换水合物中甲烷气体的方法，该方法具有以下几个特点：①用二氧化碳置换水合物中的甲烷气体，从热力学原理上来说是可行的。每摩尔二氧化碳形成水合物时所放出的热量要比每摩尔甲烷水合物分解吸收的热量高 20% 左右。②新形成的二氧化碳水合物能够保持沉积物的力学稳定性，保证安全产气。③该方法能够把温室气体二氧化碳储存起来，减少温室效应。但是此种方法的置换速度却有待于进一步的研究。

二氧化碳置换法是近期比较热门的研究对象。这种方法首先由日本研究者提出，其依据仍然是天然气水合物稳定带的压力条件。在一定的温度条件下，天然气水合物保持稳定所需要的压力比二氧化碳水合物要高。因此在某一特定的压力范围内，天然气水合物会分解，而二氧化碳水合物则易于形成并保持稳定。如果此时向天然气水合物矿藏内注入二氧化碳气体，其可能与天然气水合物分解出的水生成二氧化碳水合物。这种作用释放出的热量可使天然气水合物的分解反应得以持续地进行下去。二氧化碳置换法开采天然气水合物的研究具有非常重要的意义。一方面，把空气中或者工业生产产生的二氧化碳气体注入天然气水合物储层中，可以把二氧化碳以水合物的形式储存在海底，这样可以有效减缓二氧化碳的温室效应；另一方面，在二氧化碳置换甲烷的过程中可以完整地保存水合物沉积层，避免因为水合物的开采而引起海洋地质灾害。但是用二氧化碳置换法开采水合物也存在着各种技术难题，尚未很好地解决。首先，二氧化碳置换甲烷水合物过程中的反应速率很慢，且随着反应的进行迅速降低。可以以乳化液的形式注入水合物沉积层来强化置换反应（Ota 等，2005），但由于二氧化碳分子的直径介于甲烷水合物小晶穴和中晶穴之间，甲烷水合物小晶穴的分解速率远低于中晶穴，因此即使置换反应完全，仍有部分甲烷残留在水合物晶体中。其次，一定的压力条件下甲烷水合物的分解温度比液态二氧化碳形成的水合物温度要高，如果二氧化碳不能转化为甲烷水合物，而是以液态形式储存起来，那么海底水合物就会失去稳定性。因此，对二氧化碳置换法开采水合物的储层温度、压力条件以及多孔介质的特性必须经过严格的选择。

2. 微波加热法

微波作为一种特殊形式的能量，在油气开发中的应用研究已引起人们的重视。微波加热技术可以看做是热激发法开采天然气水合物的一种，但是又与传统的热激发法不同。微波加热技术开采天然气水合物主要有加热、造缝和非热效应三大作用。微波对物质的介电热效应是通过离子迁移和极性分子的旋转使分子运动来实现的。由于天然气水合物是一种极性分子，它对微波有一定的吸收作用（天然气水合物的介电常数大约是 58，比冰略小）。天然气水合物接受能量后，能量将以热的形式耗散在水合物气藏中，从而促使天然气水合物的分解。微波开采天然气水合物气藏技术是利用大功率微波源对地层进行辐射。由于不同的物质组分在微波作用下的温度变化和膨胀系数差异极大，会造成膨胀收缩不均匀，产生很大的热应力，致使地层岩石产生很多的微裂缝，从而提高地层的渗透率。同时，天然气水合物是一种极性物质，当微波频率接近天然气水合物分子的固有频率时，极易引起强烈的共振，导致天然气水合物中天然气分子与水分子的结合键发生断裂，进一步促进了水合物的分解，从而提高采收率。微波加热技术具有速度快、设备简单、灵活性高、不对储层造成任何污染等优点，是电磁加热技术中最有效的方法。但是微波加热技术开采水合物仍处于起步阶段，大功率微波装置的研制以及提高微波穿透深度等技术还需要进一步的研究。

4.6.5 其他开采方法

有些学者通过大量的研究（王达等，2000），提出了甲烷水合物控制开采方法。该方法适用于深水海域的天然气水合物开采。这种开采方法不仅考虑了水合物的裂解、生成以及开采的经济性，还提出了开采后消除产生的有害环境影响的对策，而后者正是海域水合物开采中面临的难题。图4.18给出了海底地层水合物开发的设想。假定水深1 000 m左右，水合物层的基底距海底300 m左右，开采前，预先在海底甲烷水合物层中钻三口井（保持一定距离），分别下入隔水管柱（密封套管）。当基底下存在游离气时，伴随着游离气的开采，储层压力下降，促使上部水合物裂解。不论基底下有无游离气，都需要通过隔离管先向水合物层注入高温海水，使水合物裂解。通过另一隔离管提取甲烷气体（靠水合物裂解产生的甲烷气压力上逸）。开采后，通过隔离管柱向产生气后的残流水中注入二氧化碳，回收甲烷燃烧的废气，使之在地层中生成二氧化碳水合物。最后，使地球变暖的二氧化碳气体固定在地层中。

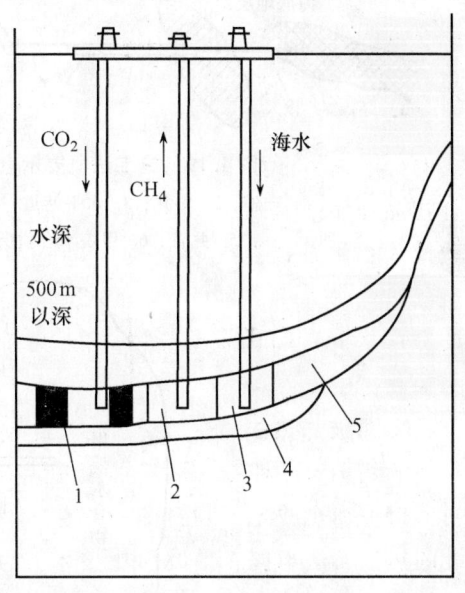

图4.18　海底地层甲烷水合物的开发设想
1. 二氧化碳水合物；2. 分离气和水；3. 海水等裂解催化剂；4. 游离气层；5. 甲烷水合物

水合物是固体，往往在海底形成构造支撑体的一部分。开采甲烷有可能引起地层崩塌（甚至引起水合物气体爆炸），因而从安全角度考虑，存在不少问题。近年来，国外学者提出了一种新的采用陆地上钻凿斜井、平巷、配合井下钻孔作为采气通道的海洋水合物开采法。采用这种方法无须海上作业，更重要的，这是一种开采海洋水合物的安全方法。施工法的特点见图4.19。从相邻的埋藏甲烷水合物层至海底地层的陆地掘进一斜井至甲烷水合物层的埋藏深度；然后，向甲烷水合物层掘进水平巷道至甲烷水合物层 70~100 m 处；再通过向水平巷道前端围岩中灌注水泥，形成一盖层，如图 4.20 所示，盖层的长度最好在 50~70 m。形成盖层后，通过井管从水平隧道的端部向甲烷层内注入高温蒸汽，甲烷水合物的温度上升后分离成气和水，分离出的气和水通过井管输送至地表，如图 4.21 所示。本施工法的最大特点是能够不利用海洋油气生产设施而安全地开采甲烷水合物。

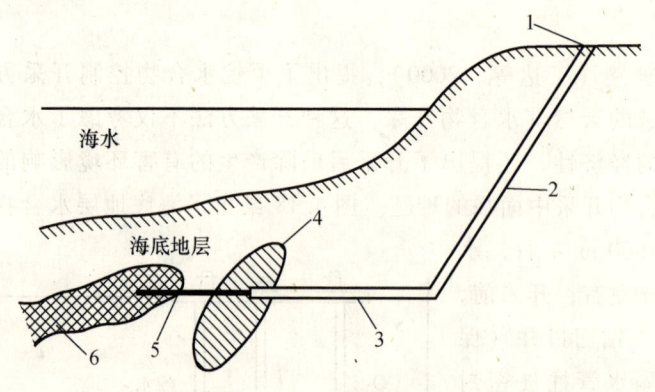 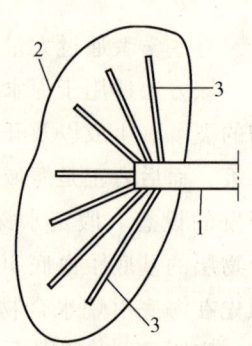

图 4.19　施工法概要示意图　　　　图 4.20　盖层形成示意图
1. 陆地；2. 斜井；3. 水平巷道；4. 盖层；　　1. 水平巷道；2. 盖层；
5. 井管；6. 甲烷水合物层　　　　　　　　　3. 注浆钻孔

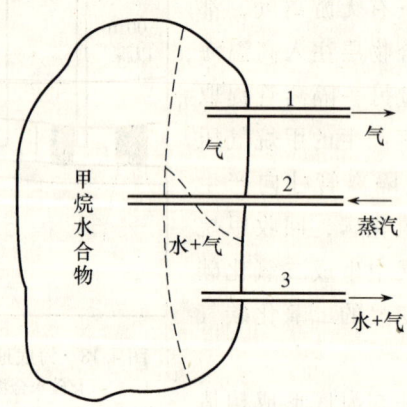

图 4.21　通过注入高温蒸汽分离甲烷水合物的模式图
1、2、3 为井管

也有人提出直接在井下放一个高温催化炉，把甲烷催化成一氧化碳和氢气，利用放出的热量来分解水合物。根据能量平衡条件，在假设无能量损失的情况下，从水合物气体中获得的能量是分解水合物能量的 15.5 倍。

通过对以上各方法的分析可以看出，仅仅采用某单一方法来开采天然气水合物是不经济的，只有结合不同开采原理的综合开采方法才能达到对天然气水合物矿藏经济有效的开采。例如，注热法和注化学试剂法相结合、降压法与加热法相结合等。综合方法是较好的方法，可以用加热法分解气体水合物，用降压法提取游离气体，还可利用注化学试剂法降低平衡温度。从技术角度看，天然气水合物的开采已初步具备可行性，但如何安全、有效、经济地开采水合物矿藏仍旧需要深入的研究和探讨。

第5章

天然气水合物相关技术应用

5.1 天然气水合物的储存与运输

5.1.1 天然气的储存和运输

天然气是一种主要的能源，可以用来发电、提供热能，还可以为汽车发动机供应能量，或者作为化工产品的原材料。但是，在使用前皆需要采用适当的储运方式把天然气输送到用户所在的地区。天然气的储存和运输是天然气工业的重要组成部分，是实现天然气利用的重要前提。采用何种输送方式将天然气安全、连续地输送给距离气源较远、大量用气的中心城市和工业企业是天然气供应商谨慎考虑的一个重要问题。

目前，世界天然气产量的75%都采用管道运输，另外的25%采用液化形式运输。前者适用于陆上或较短距离的海上输送，而后者适用于远洋输送。这两种输送方式的共同优点是输送量大、可靠，但都存在投资高、风险大、适应产销变化的灵活性差等缺点（巩艳等，2010）。为拓宽天然气的开发潜力及市场覆盖范围，近几年来，国内外都致力于研发上述两种常规输送方式以外的天然气储运方式，例如压缩天然气（CNG）储运、吸附天然气（ANG）储运、天然气水合物（NGH）储运、以电能的形式输出天然气能源（GTW）、地下储气库（UNGS）储气、近临界流体（NCF）储气、液化天然气储存以及天然气的溶剂储存。与其他储运方式相比，天然气水合物储运技术因其具有成本低廉、简单灵活、安全可靠等优点而更受人们的瞩目。

1. **管道运输**

天然气通常呈气体状态，相对密度低，易散失，采用管道输送时安全性高，产品质量有保证，经济性好，对环境污染小，所以天然气的输送一般都采用管道输送。天然气管道系统的构成如图5.1所示。

2. **液化天然气储运**

天然气的主要组分是甲烷，其临界温度为190.58 K，在常温下无法依靠加压

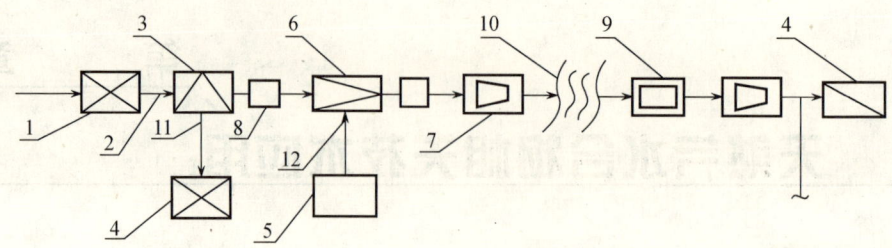

图 5.1　天然气管道系统的构成

1. 输气首站；2. 输气干线；3. 气体分输站；4. 城市门站；5. 气体处理厂；6. 气体接收站；
7. 增压站；8. 截断阀室；9. 清洁站；10. 河流穿越；11. 输气支线；12. 进气支线

将其液化，需要采用天然气液化工艺。液化天然气是以甲烷为主要成分的低温液态混合物，其生产工艺是将含甲烷90%以上的气态天然气经过"三脱"（脱水、脱烃、脱酸性气体）处理后，在温度为112 K、压力为0.1 MPa左右的条件下进行液化处理，其密度为标准状态下甲烷的600多倍。在液化过程中，天然气中的水、惰性气体、C_5等烃类基本被脱出，因而液化天然气的组分比管道天然气的组分更稳定，有利于天然气的输送和储存。从天然气井到用户的液化天然气（LNG）工业系统如图5.2所示。

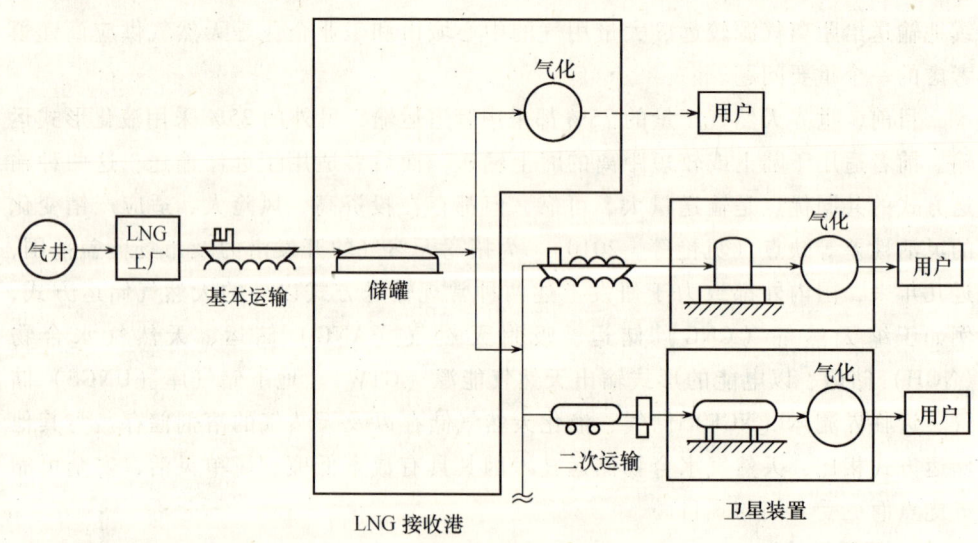

图 5.2　液化天然气工业系统

3. 压缩天然气储运

压缩天然气（CNG）技术是利用气体的可压缩性，将常规天然气以高压形式进行储存，其储存压力通常为15~25 MPa。在25 MPa情况下，天然气可压缩至原来体积的1/300，大大降低了储存容积。可以用高压气瓶组车通过公路运至使用地,再经减压站(输配站)将高压天然气减压至 1.6 MPa,最后进入储罐或进一步减压后进入城市管网。CNG 是一种理想的车用替代能源,它具有成本低、效益高、无污染、使用安全、便捷等特点,正日益显示出强大的发展潜力。

4. 地下储气库储存

地下储气库储存是在供气淡季将集输管道中的多余天然气注入地下储存起来(比如枯竭油气藏储气库、含水层储气库、盐穴储气库、矿坑及岩洞地下储气库等),在用气高峰到来时再将其采出,以补充管道供气的不足,从而满足天然气用户的需求。

5. 吸附天然气储存

吸附天然气储存技术是在储罐中装入高比表面的天然气专用吸附剂,利用其巨大的内表面积和丰富的微孔结构,在常温、中压(6.0 MPa)条件下将天然气吸附储存。

6. 近临界流体储存

近临界流体储存是利用近临界流体的高溶解力、低黏度、易扩散的性质,实现对天然气和临界流体之间的有效传质,进而将天然气溶解其中进行储存。

7. 天然气水合物储运

水合物储运天然气的技术通常简称天然气水合物技术,它是和液化天然气、吸附天然气、压缩天然气技术相对应的。天然气生成水合物后体积减小,在标准状况下,1 m³ 的水合物可以储存约 160~180 m³ 的天然气。天然气水合物不仅有储存空间小的优点,而且它比气态、液态天然气等传统储运技术更安全。这是因为水合物是固体,不易燃烧,在适当的储存条件下分解缓慢,不易爆炸。天然气水合物的储存条件更为温和,它能够在 -15~0 ℃和 1~10 个大气压下长时间保存而分解量很小。

同其他天然气的储存方式相比,天然气水合物储运技术只需要较低的固定投资和运行费用就可以提高天然气储存的规模和效率,可用于中心城市较大规模的天然气调峰。我国有许多零散的边际气田,储量不大,铺设天然气管道和采用液化船运都不经济,而利用水合物进行收集、输送可发挥其灵活、经济的优势,这也使得它成为目前国际上的研究热点之一。

表 5.1 为几种天然气储运方式的优缺点比较,从中可以看出,水合物储存是一种高效、经济、安全的储存方式(孙丽等,2009)。

表 5.1 天然气储运方式比较

储运方式	优 点	缺 点
管道运输	技术成熟	压力大、初期投入高
压缩天然气	储量大、储气瓶寿命长	投资费用高、安全性差
储气库	储量大、安全系数高	技术不成熟

续表

储运方式	优 点	缺 点
吸附天然气	压力较低	吸附剂寿命短、吸附和脱附时间长
近临界流体储存	原理简单、操作方便	未实现工业化
液化天然气	储气密度大	压力高、成本高
天然气水合物	储量大、安全系数高、预处理要求低、费用低	技术不成熟

5.1.2 天然气水合物储运的特点

天然气水合物储运是利用天然气水合物的巨大储气能力,将天然气利用一定的工艺制成固态水合物,然后再把水合物运送到储气站,最后在储气站气化成天然气供用户使用。

不但边际油田(地理位置相对较为偏僻的零散油田或者储量相对较小的油田)伴生气的利用研究表明天然气水合物技术具有很大的发展前景,而且海上浮式采油、储油和卸油系统(FPSO)的伴生气收集也表明它是一种相当有潜力的新技术。相比液化天然气、吸附天然气、合成油(GIL)技术而言,天然气水合物技术的可行性更高。在大量天然气长距离传输技术的对比研究中显示,天然气水合物储运技术比液化天然气技术节约资金24%以上,并且天然气水合物技术更加安全和环保。

天然气水合物储运技术一般基于以下两方面的考虑:

(1)开采海上气田或远洋进口天然气。天然气在出口地或气田先加工成水合物,再经过轮船运往需要天然气的地方,最后进行气化应用。

(2)内陆储运。主要是在没有必要铺设专用管道的情况下使用,因为天然气水合物的储运具有很大的灵活性。

天然气水合物储运技术具有以下优点:

(1)蓄能密度大。$1\ m^3$ 的天然气水合物可携带标准状态下 $160\sim180\ m^3$ 的天然气。纯甲烷在 $0\ ℃$ 时需要 $2.63\ MPa$ 才能生成水合物。据计算,由80%的甲烷、10%的乙烷、5%的丙烷、4%的正、异丁烷以及1%的惰性气体组成的天然气形成水合物后体积缩小至原来的1/156。

(2)制备条件容易。天然气水合物可以在 $2\sim6\ MPa$、$0\sim20\ ℃$ 条件下进行制备,与液化天然气相比在制备技术上避免了超低温的环节。

(3)天然气水合物的热物理性质比较稳定、储存安全。水合物在 $0.1\ MPa$、

-15 ℃条件下可以实现稳定储存。另外，水合物还具有气体释放过程缓慢的特点，没有液化天然气储存时产生泄漏和造成爆炸的危险。

（4）可有效地进行天然气水合物的再气化。采用简单的加热手段就可以将固体状态的水合物直接转化成可使用的气态天然气。

（5）自保性。这一概念由 Ershov 和 Yakushev 于 1992 年提出，即天然气水合物分解时在表面形成一层保护膜以减缓或阻止其分解，这对天然气水合物的存储非常有利。

（6）储存方式经济有效。由于天然气水合物的输送是以固体形态实现的，因此其单位体积的输气量大，占用空间小，便于储存及运输，具有较强的技术经济优势。国外对天然气水合物和液化天然气的生产、运输、再气化的成本进行的比较表明，天然气水合物储存方式可大大减少投资。因此，国内外研究者普遍认为，天然气水合物储运技术有可能替代液化天然气技术而成为未来天然气大规模储运的手段之一。

挪威研究工作者（Gudmundsson 等，1991）还对天然气管道输送、液化天然气船运、合成原油及天然气水合物船运四种运输方式的运输距离和成本进行了比较，其结果如图 5.3 所示。

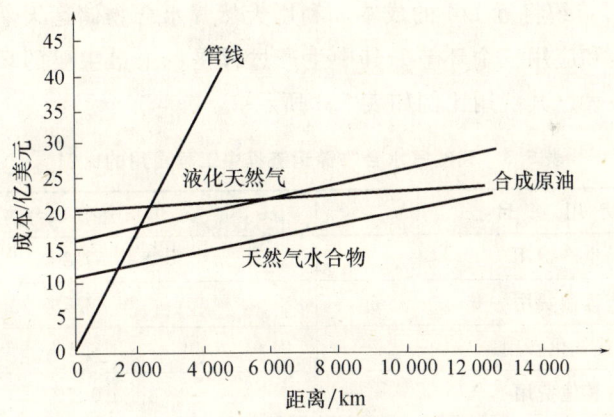

图 5.3 运输距离和成本的关系

图 5.3 中，运输量大于 11.33×10^6 m³/d，当横轴为零时，表示液化天然气、合成原油及天然气水合物的成本，其中天然气水合物的成本最低。管道运输成本依据挪威海上 508 mm 管道计算，成本为 100 万美元/km。绘制合成油曲线的基本假设是：合成油的生产成本比液化天然气高 30%，而运输成本为后者的 30%。通过经济性分析可知，天然气水合物储运技术的成本比液化天然气技术储运成本大约低 1/4，天然气水合物技术可在任何规模下使用，且采用天然气水合物技术可以对

天然气进行长距离的运输。从天然气的运输距离来看，短距离运输（少于 1 000 km）时管线运输方式最好；中长距离运输（1 000~12 000 km）时天然气水合物运输方式最好，6 000 km 以内，液化天然气方式优于合成原油运输方式；超长距离运输（大于 12 000 km）时合成原油运输方式最好。因此，将天然气水合物作为一种输气方式是经济和合理的。

在天然气年产量为 $4 \times 10^{10}\,\mathrm{m}^3$、运输距离约为 6 475 km 的情况下，Gudmundsson 等（1997）对天然气水合物和液化天然气两种不同储运方式的主要费用进行了比较，如表 5.2 所示。

表 5.2　天然气水合物与液化天然气储运费用的比较　　　　百万美元

储运方式	液化天然气	天然气水合物	相　差
生产	1 489（56%）	955（48%）	534（36%）
油轮	750（28%）	560（28%）	190（25%）
再气化	438（16%）	478（24%）	-40（-9%）
合计	2 679（100%）	1 995（100%）	684（26%）

从表 5.2 中可以看出，天然气水合物的生产费用明显低于液化天然气，仅为后者的 66%，可节约将近 1/4 的成本。利用天然气水合物储运天然气的技术主要包括生产、储运和应用三个环节，其中生产过程是一个最主要的环节，在总的工程费用中投资最大，其费用比例如表 5.3 所示。

表 5.3　天然气水合物储运流程中工程费用的比例

费用项目	天然气水合物
生产费用	57.3%
运输费用	33.7%
再气化费用	8.5%
其他费用	0.5%
合计	100%

5.1.3　天然气水合物储运的技术路线

如前文所述，天然气水合物储运是利用天然气水合物巨大的储气能力，将天然气采用一定的工艺制成固态水合物，然后再把水合物输送到储气站，在储气站气化成天然气供用户使用。天然气水合物储运的基本技术路线如图 5.4 所示。

第 5 章 天然气水合物相关技术应用

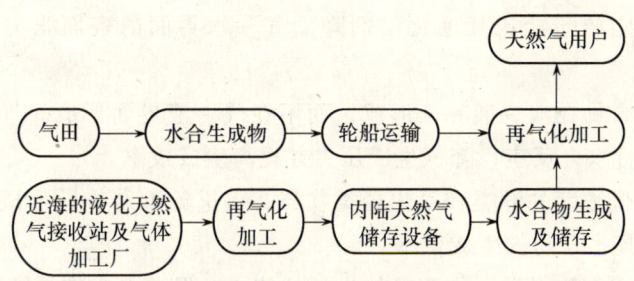

图 5.4 天然气水合物储运的技术路线

目前，对天然气水合物的研究主要从水合物制备、储存和再分解三个技术点展开。针对水合物的制备，主要有以下三种技术路线：①在溶液（一般为冰水混合物）中制备；②直接由冰转化为水合物；③用含水天然气经节流膨胀工艺形成水合物。对于水合物的储存，实验证明，在低温下（-18～5℃）水合物的储存效果非常好。水合物分解则主要是通过改变水合物的相平衡条件，例如在一定温度下降低压力，或在一定压力下升温，或加入电解质等，使气体从水合物中分离出来。

1. 天然气水合物的制备

挪威科技大学的 Gudmundsson 等（1991；1992）研制的水合物生成的工艺流程见图 5.5。目前，天然气水合物的制备尚处于实验阶段，还没有实际工业应用。国内外实验室制备天然气水合物的设施一般主要包括配气系统、制冷系统、高压反应系统和数据采集系统，其基本原理都是使甲烷和水（或添加剂等）在一定的温度、压力条件下相互反应形成水合物。天然气水合物的生成需要具备三个条件：①气体中存在液态水或过饱和水蒸气；②具备足够高的压力；③具备足够低的温度。如果气体压力有较大波动或有晶体存在，就能够促进水合物的生成；如果温度高于水合物的临界形成温度，则不论压力多大，也不会形成水合物。Gudmundsson 等（1992）认为，压力为 2～6 MPa，温度为 0～20℃，且反应容器中的气-水体系过冷到理论平衡线以下 4～5℃时，可以形成天然气水合物。为了提高水合物的生成效率，在实验室研究和实用工艺过程研发方面，研究者们进行了多次强化接触的尝试，认为以下措施有利于天然气水合物的生成：

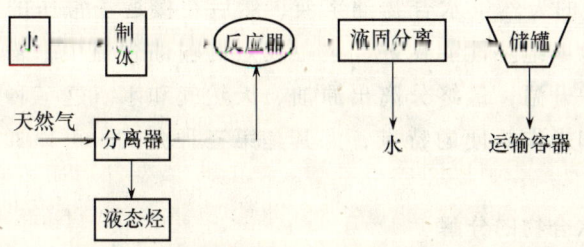

图 5.5 水合物生成流程图（Gudmundsson 等，1991；1992）

（1）使用脂肪酸盐或其他化学剂降低气-水界面的表面张力，促进气体的溶解。

（2）使水合物在液-液界面形成，而不在气-液界面形成。气体溶解在非水溶性载体里进行水合反应，降低生成压力并提高生成效率。

（3）使用低浓度的醇类和氯化烃类物质，促进笼型结构的形成和气体分子的吸附，从而提高水合物的生成效率。

（4）投入水合物晶种，作为晶体生长的核心，促进水合物晶体的生长。

（5）提高搅拌效率（例如采用紊流搅拌），促进水合物连续生成。

2. 天然气水合物的储存

Gudmundsson 等（1992）发现，在温度为 0~20 ℃和压力为 2~6 MPa 的条件下形成的天然气水合物在 -5 ℃、-10 ℃、-18 ℃ 的冷库中可以冷冻储存 10 d。分析原因，可能是由于天然气水合物表层的水合物分解后形成保护冰层，防止了进一步的分解。在大气压条件下，天然气水合物不能在零度以上的温度条件下储存，但是可以储存在高压和低温条件下。温度和压力条件对水合物储气量的影响很大。实验表明，在一定范围内，压力越高、温度越低，则水合物的储气密度越高，形成水合物所需的能耗也越大。但是，当压力达到一定值后，进一步提高压力对水合物储气量的影响就很小。因此，如何确定水合物的储气条件，优化储气量与能耗的关系，是天然气水合物储存技术研究的关键。

3. 天然气水合物的运输

目前，天然气水合物的运输方式主要有三种：①英国气体公司研发了生产干水合物的工艺方法。他们将干水合物装到与液化天然气运输船相似的轮船中运送，到达目的地后在船上进行再气化，分离出来的游离水可留在船上用作返航时的压舱水。②将两次脱水后稠度为 1:1 的水合物浆泵入双壳运输船上的隔热密封舱进行运送，该舱的压力为 1 MPa，温度为 2~3 ℃。这种水合物浆再气化时可以得到约为原体积 75 倍的天然气。但由于运输能力的有效利用率仅为第一种工艺方法的一半左右，因而其运送成本明显增加。③挪威阿克尔工程公司研发了一种天然气水合物运输工艺。他们将制成的干水合物与已经冷冻到 -10 ℃ 的原油充分混合，形成悬浮于原油中的天然气水合物油浆液，然后在接近于常压的条件下由泵送入绝热的油轮隔舱或绝热性能良好、运距较短的输油管道中，输送到接收终端后在三相分离器中升温，最终分离出原油、天然气和水。这三种运输方式都具有工艺要求不高和操作简便的特点，尤其是第三种方式，可以通过管道输送，更值得关注。

4. 天然气水合物的分解

水合物的分解通常采用以下三种方法：①加化学剂法，即通过加入醇类或盐类等水合物抑制剂改变水合物的相平衡条件;②加热法,即利用加热手段促使其分解;③降压法,即将压力降低到水合物相平衡条件以下。实践中,天然气水合物的分解一般采用加热或降压的方法,典型的水合物分解工艺流程如图 5.6、图 5.7 所示。

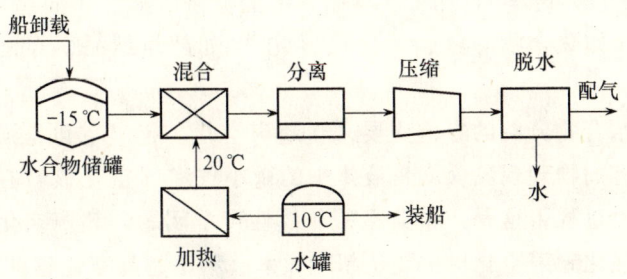

图 5.6 天然气水合物的分解工艺流程

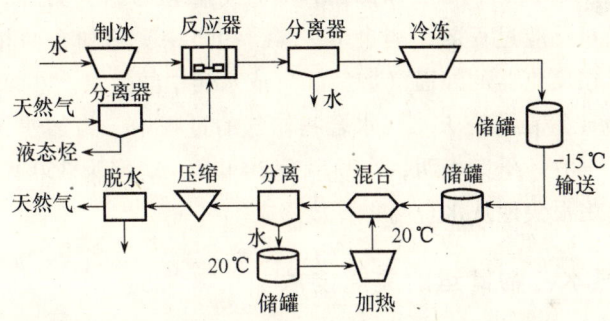

图 5.7 水合物分解的工艺流程(Gudmundsson 等,1997)

下面就简要介绍几种常用的水合物分解方法。

1) 微波作用下的水合物分解

天然气水合物分解过程需要能量,一般采用加热的办法来实现。微波是一种很好的加热手段,具有独特的加热性能,其加热方式与其他加热方式有所不同。微波加热时热量从介质内部产生,温度场比较均匀,所以非常有利于化学反应的进行。微波对天然气水合物的分解作用非常明显,只要 10 多瓦的功率就可以使水合物生成区域内的温度很快升高至分解温度以上,从而使水合物能够在很短的时间内分解。另外,提高微波的功率,可使单位时间内的平均温升增大,水合物的分解速度也增大。

在工业应用中,微波加热分解水合物的工艺还需要解决很多问题:①水合物电特性的测定以及在不同压力、温度下这些特性的变化;②不同气体组分形成的水合物吸收微波能力的研究;③微波气化天然气水合物的经济性分析等。

2）超声波作用下的水合物分解

超声波的应用非常广泛，在水合物分解过程中主要利用超声波的"主动应用"原理。"主动应用"原理是利用超声波作为一种能量的形式来作用、影响或改变反应物的物性，即所谓的"功率超声"。"功率超声"在工业（如超声清洗、焊接、加工）、医学（如超声理疗、治癌）、生物学（如超声剪切 DNA 大分子）、化学（如聚合物降解、催化）、化工（如超声结晶、雾化、沉淀）中的应用非常广泛。

超声波对水合物分解的影响主要来自超声空化。超声空化是强超声在液体中引起的一种特有的物理现象，就是液体中的微小气泡（空化核）在声场作用下发生的一系列动力过程，这是一个典型的非线性声学问题。超声空化越强则水合物越容易分解。强化超声空化应主要从超声频率（频率越高空化越难以发生）、外界压力（外界压力越大空化越难以发生）、温度（温度越高空化越容易发生）以及介质物性（如物质的状态、密度和比热容等）等因素考虑。另外，不同的超声波探头的施加方式对反应过程的影响也不一样，超声探头施加在两相界面上的效果要明显优于施加在反应器的外面（如底部）或水相中的效果。

美国的 Rogers 等在研究天然气水合物储气的过程中，为加速天然气水合物的分解，引入了超声波。研究表明，在频率为 20 kHz、功率为 350 W 和 500 W 的超声波作用下，甲烷很快地从水合物中释放出来。

5.1.4 天然气水合物储运的关键技术

天然气水合物储运是一项新兴的技术，该技术的发展与应用必将带动相关工业链的发展，产生巨大的经济效益和社会效益。但目前利用天然气水合物储运天然气的技术仍处于研究阶段，还不成熟，要实现工业化应用还需要解决水合物的大规模快速生成、固化成型、集装和运输过程中的安全等一系列关键技术问题。

1. 水合物的合成

水合物的形成由溶解、成核和生长过程组成。晶核的形成比较困难，一般都包括一个诱导期，而且诱导期具有很大的不确定性和随机性。当过饱和溶液中的晶核达到某一稳定的临界尺寸时，系统将自发地进入水合物的快速生长期。

天然气水合物生成过程属于气－液－固反应，需要相应的反应器来提高效率。国际上用于水合物合成反应的反应器大致可以分为三种，即搅拌式反应器、鼓泡式反应器和喷淋式反应器。

搅拌式反应系统主要有反应器、分离器、热交换器和循环泵四个单元组成。水合物形成过程中，先往反应器中装入水，天然气通过反应器底部的两个止回阀进入，在搅拌器的作用下天然气和水充分混合生成天然气水合物。使用管壳式换热器，可以把生成的天然气水合物所释放的潜热以及转动部件（如循环泵）和反应器中的搅拌器所产生的热量及时带走。热交换过程中，水合物浆（水合过程中由于大量水的存在致使水合物以浆液形式存在）在管侧流动，乙二醇水溶液在壳侧流动。

鼓泡式反应系统是利用高压天然气通过孔板产生气泡并由此生成水合物的。鼓泡法实施过程中，上升的气泡和水接触并在气液接触面上生成水合物。因为水合物层是沿着上升的气泡形成的，上升的天然气在气水界面处的轻微扰动都可能使气泡破碎，气泡的破碎可以增大气液的接触面，同时，水合物生成热可以通过水的传热及时带走，从而提高了水合物的生成速度。鼓泡法水合物生成系统不仅在热量传递方面具有优势，而且微小的气泡极大地增加了气液接触面积并增强了天然气的溶解能力。但是由于该方法中孔板上的孔径很小，容易在其上生成水合物而影响进气，从而影响系统的正常运行。

喷淋式反应系统是采用超声波喷淋器把水喷入高压、低温的反应器中以促进水合物的生成速度。该系统的主要部分是一个连接高压甲烷气瓶和循环水回路的耐高压反应釜。反应釜内水合物的生成是放热反应。反应釜和大部分循环水回路都浸在恒温水浴里，以保证喷进反应釜中的水是恒温的。在循环水回路中有一台非脉动活塞泵把水匀速地从反应釜底部抽出，然后通过喷嘴从反应釜顶部再喷入。通过水的雾化可以极大地增加气-水接触面积，提高水合物的生成速率。该反应器设计简单，而且只需要增加喷嘴的数量就可以实现反应器效率的放大。但是喷淋法需要专门设计的喷嘴或喷淋装置，且如何及时排走水合反应热，是该方法最大的技术瓶颈。

2. 水合物的储气效率

天然气水合物储运是一种崭新的天然气储运方式，水合物储气量的高低是该技术能否实施和具有优势的关键。自从1991年挪威科学家Gudmundsson提出第一个大型天然气水合物生产工艺流程以来，人们提出和采用了各种不同的方法和措施来增加水合物的储气量，例如采用合适的反应器形式和操作条件，或者使用添加剂、活性炭等介质改变反应物的组成，以及进行催化、改善传质条件等。下面介绍两种常用的增加水合物储气效率的措施。

1）使用添加剂

实验研究表明，在天然气水合物形成过程中添加适当浓度的化学添加剂可以缩短水合物形成的诱导时间、增加水合物的储气密度。不同类型的化学添加剂对水合物生成过程的影响的规律不同，有的添加剂（如APG）在较高浓度条件下能较好地优化水合物的形成过程，此时水合物的储气密度高、诱导时间短；有的添加剂（如 SDBS）则在较低浓度条件下能够很好地优化水合物的形成过程，此时水合物的储气密度高、诱导时间短以及生成速度快。

2）使用活性炭

活性炭具有较大的表面积及适宜的孔隙结构，在水合物反应中可以增大气-水接触面，提高水的转化率，从而达到增加水合物储气能力的目的。通过对甲烷-纯水-活性炭体系的研究，由图 5.8 可知，水炭比（水合物反应体系中反应釜中的水量与反应时活性炭的质量比）是影响甲烷水合物储气密度（单位体积水合物体系中含有标准状态下天然气的体积）的关键因素之一，且在特定压力下达到最高储气密度时的水炭比即是该压力下的最佳水炭比。目前仍旧需要对提高水合物储气效率的方法进行深入的研究，以便能够达到工业化应用的水平。

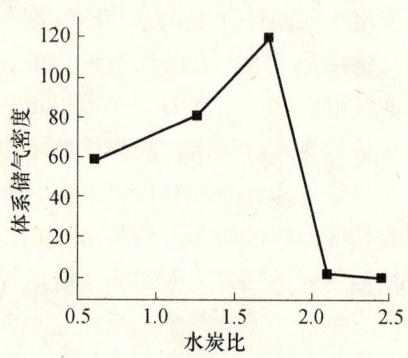

图 5.8　水炭比对储气密度的影响

3. 水合物运输船

天然气水合物运输船是天然气水合物系统中重要的一环，关键技术包括增强货舱内天然气水合物绝热技术、降低气体逸失技术、货物装载（卸载）技术。

通常天然气水合物运输船的货舱容积要大于液化天然气船货舱的容积。据计算，液化天然气船的货舱容积一般为 125 000 ~ 135 000 m³，而天然气水合物运输船的货舱容积应该为液化天然气船的 4 倍，更像是一艘超大型油轮。输送天然气水合物时应该在密闭的输送管道中进行，货舱内需要装载天然气来填充缝隙和孔隙。航行过程中，货舱外面的热量会传进来，导致天然水合物分解成天然气和冰，析出的天然气可以用做主机的燃料。同时，货舱壁上形成的冰层也会减少天然气水合物的分解。

4. 天然气水合物的分解

在运输天然气水合物的过程中，一般应尽量避免水合物的分解，以减少损失和降低成本，但在目的地又需要经济有效的措施来加速水合物的分解过程，得到可用的天然气。因此，有必要对强化水合物分解的相关技术进行深入的研究。

5.1.5　天然气水合物储运技术的发展前景

天然气水合物不仅具有空间小的优点，而且较气态、液态天然气更加安全。因为水合物不易燃烧，且分解过程缓慢。它能够在温度为 -10 ~ 0 ℃ 和 0.1 ~ 10 MPa 的压力条件下保存。较低的成本、简单安全以及灵活的处理过程使得天然气水合物储运技术具有广泛推广的价值。天然气水合物储运技术可代替液化天然气技术作为远洋运输的主要手段，其发展具有如下优势（吴华丽等，2007）：

（1）由于天然气水合物分解需要较多的能量，因此只要切断传热途径，即可使天然气水合物长期稳定存在，保证了运输过程中的安全性。

（2）提高天然气储存的可操作性和灵活性，降低天然气储存的成本。天然气水合物可在陆上生产，并配有大型油轮进行运输，使其成本比液化天然气的储运成本低24%。对于零散气田，天然气水合物储运技术更占有明显优势。在偏远乡镇和农村，依靠铺设管网实现天然气的输运是无法想象的，因此天然气水合物储运技术一旦成功应用必将带来新的经济增长点。

（3）天然气水合物可作为车用燃料替代汽油以及危险性很大的压缩天然气，对推动环保汽车的发展具有重要的意义，美国正在进行这项技术的研究。

（4）天然气水合物固态储存技术可以有效地提高天然气储存的规模、效率，因为水合物分解后几乎可以百分之百地释放天然气。随着近年来科学工作者对气体水合物研究的不断深入，天然气水合物储运作为一种崭新的潜在的高效储气技术，已形成了创新性的专利成果，从而也证明了以水合物形式储存和运输天然气在技术和经济上的可行性。

5.2 天然气水合物储运技术的应用前景

天然气水合物储运研究经过几十年的发展已成为一种基于水合物形成和分解且具有重要工业应用前景的特效技术。除了用于天然气的储存和运输之外，它还可以调节天然气使用中的不均衡性（调峰），作为天然气汽车的燃料，也可用于石油化工（水合物三相混输）、气体混合物分离、海水淡化、生物酶活性控制及提取、纳米及半导体微晶合成、空调水合物蓄冷、有毒气体处置等诸多领域，且部分技术已实现小型工业化。下面简要介绍几种主要的水合物应用技术。

5.2.1 调节天然气使用中的不均衡性

利用天然气水合物的储气性能，能够实现调节天然气使用中的不均衡性，即起到调峰的作用，主要体现在以下几个方面：

（1）天然气水合物能有效地调节季节、月、昼夜用气量的不均衡性，满足天然气利用市场的变化需求。夏季天然气市场的需求量低于管网供气量时，可将多余的天然气以水合物的形式储存起来；冬季，市场需求量大于管网供气量时，根据需要可将水合分解成天然气，以补足所缺的气量，调节季节性峰谷差。

（2）以水合物形式储气可使天然气生产系统的操作和输气管网的运行不受市场消费高峰和低谷的影响，可实现均衡生产和输送天然气，充分利用输气设施，从而提高管网利用系数和效率，降低成本。

（3）在遇到突发事故或灾害时，天然气水合物可作为应急备用气源，确保向用户安全、连续地供气，以减少经济损失。

（4）随着进口天然气用量的增加，供气的政治风险也在增大，天然气水合物可以作为战略储备，避免因国际风波导致供气中断而带来的一系列恶果。

（5）供气方和用气方都可利用水合物储气方式从天然气季节或月差价中实现价格套利，从中获取利润。

5.2.2　用作车用燃料

近年来，随着汽车燃料供需矛盾以及尾气污染对生态环境危害的加剧，人们正在寻求更为清洁的汽车燃料。天然气水合物以其有害物质少、安全可靠、抗爆震性能好、使用成本低以及能延长汽车行驶距离并且易于储存等优点而成为汽车代用燃料的首选。

目前天然气汽车使用的燃料大多是压缩天然气（一般需压缩至 20 MPa）。使用压缩天然气的缺点是存储压力高、行程短。为克服上述缺点，美国已试验将天然气水合物（其平衡压力仅为 4 MPa）作为车用燃料，所涉及的关键技术是如何使水合物快速气化以满足内燃机系统的需要。天然气水合物具有高浓度、高储量的特点，每单位体积可储存标准状态下 160～180 倍体积的天然气，因此以天然气水合物为燃料的汽车行驶距离长，比压缩天然气汽车、液化天然气汽车和活性炭吸附天然气汽车更具优势。

5.2.3　近临界和超临界萃取

有些有机溶剂在高温下容易降解或变性，采用传统的分离方法，如精馏、萃取等很难达到经济、高效的分离要求。水合物生成温度比较低，生成条件容易实现，把水合物技术应用到有机溶液提浓可以取得较好的分离效果。该方法使溶液中的水生成水合物，除去水合物晶体（只包含水和水合物形成物），即可实现浓缩溶液的目的。该技术还可以适用于中药浓缩、果汁提纯等。

Willson 等用一种化合物同时作为水合物形成物和萃取剂来回收溶液中的有用物质，实验还研究了水合物生成对超临界和近临界流体萃取效率的影响。研究发现，水合物的生成显著改善了萃取过程的有效分配系数和选择性，使有效分配系数增大 6 倍以上，并且随着压力的升高有效分配系数还会增大。实验中使用的水合物形成物包括超临界乙烯和近临界二氧化碳。

近临界和超临界水合萃取作为一种水溶液分离技术，要使其实现工业化，依靠现有的基础理论研究成果还远远不够，必须强化基础理论特别是超临界状态下的水合物生成机理以及伴有水合物生成的超临界萃取机制的研究。

5.2.4 在生物工程和新材料领域的应用

Rao 等（1990）经研究发现，气体水合物的生成可以促进高分子溶液中酶的活性。Lund 等也发现气体水合物对食物和生物体内的酶几乎无任何负面的影响。Hull 和 Fennetna 则发现，若在结晶物生成之前使环氧乙烷扩散到细胞内，则水合物可在细胞体内生成。Philips 等利用水合物法从生化溶液中提取了蛋白质。此外，在发酵和制药过程中都可以利用水合物法进行分离操作，例如 John 利用水合物法从发酵物中提取了蛋白质和生物制品。水合物法还用于生物模拟和生物酶活性控制、半导体纳米材料的开发以及其他高级材料特别是微束半导体胶质的制备等。

5.2.5 水合物的三相混输

水合物的生成会导致井筒、管线、阀门和设备的堵塞，从而影响天然气开采、集输和加工的正常运转。对于海上油气田的开发以及油气的深海管输，水合物问题变得尤为突出。因为海底的温度和压力条件很适合水合物的生成，水合物可在钻杆和防喷器之间形成环状喷堵，堵塞防喷器、节流管线和压井管线，如图 5.9 所示。水合物堵塞是一个长期困扰油气生产和运输部门的问题。因此，由如何防止水合物生成而引发的水合物防治技术越来越受到石油天然气行业的关注。

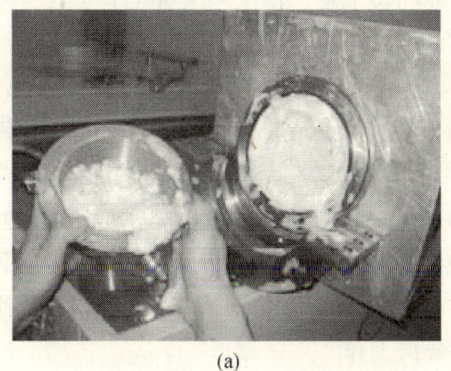
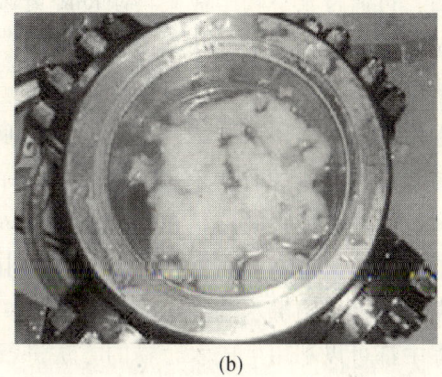

(a)   (b)

图 5.9 设备中的天然气水合物

根据对天然气水合物生成条件（压力、温度和游离态的水）的研究，水合物的防治措施主要包括：除水法、加热法、降压控制法和化学抑制法。

除水法是通过除去能生成水合物的水分子来抑制水合物的生成。加热法是通过对天然气加热，使体系温度高于水合物能够稳定存在的气－液－固三相平衡温度，使水合物在不稳定状态下受热分解，从而避免堵塞。降压控制法与加热法的原理相似，通过降低体系压力使其不满足平衡条件来防止水合物的生成。化学抑制法是通过向管线中添加某些化学抑制剂，改变水合物形成的热力学条件、结晶速率以及聚集形态，控制水合物的生成，使流体能够顺畅流动。化学抑制剂包括热力学抑制剂（甲醇、乙醇、乙二醇、三甘醇等）、动力学抑制剂（PVCap、PVP、VC-713、VP/VC等）以及防聚剂（羟基羧酸酰胺、烷氧基二羟基羧酸酰胺以及N、N-二羟基羧酸酰胺等），它们的作用机理各不相同。

热力学抑制剂方法可使体系不具备水合物生成的热力学条件，比较成熟，也是比较保险的方法，目前仍被广泛使用。动力学抑制剂方法是水合物防治技术今后发展的方向。

水合物三相混输是在特定热力学情况下将天然气水合物与油气混合，得到油、气以及固态水合物三相物质，天然气和石油将一起储存、运输和处理。

鉴于我国的原油大都易凝、高黏，在低温含水条件下多为非牛顿流体，因此我国应用水合物三相混输技术具有很大的实用价值，可以节约油气田的地面工程投资及运行费用，充分利用伴生气并减少环境污染。

5.2.6 生物酶活性控制及提取

Nguyen等（1989；1993）发现，在反胶束溶液中能形成甲烷水合物，为生物酶活性控制及提取开辟了一条新的途径。特别是对那些在微水环境中起催化作用的酶，可通过水合物生成来控制反胶束体系的含水量，即水与表面活性剂分子比，从而使活性酶处于最佳状态。

Phillips等（1991）曾利用水合物的生成从生化溶液中回收蛋白酶。Nagahama等也发现某些气体水合物的生成有助于回收反胶束内酶。反胶束内酶的回收率不仅与水合物形成的种类有关，而且与酶的类型及反胶束体系的含水量密切相关。大多数酶对环境很敏感，在较高温度及pH小于4或大于10的情况下，稳定性较差，易变性失效。而水合物的生成条件比较温和、能耗低、分离效率高、对环境无害，使得生物酶水合物法提取在某些方面具有一定的优势。在发酵过程和制药过程中都可以利用生成水合物的方法进行分离工作。

5.2.7 海水脱盐淡化

经过多年的努力，科学家们已经发明了多种淡化海水的方法，如蒸馏法、薄膜反渗透法、离子交换法、电渗析法、压渗法、冷冻法、水合物法、溶剂萃取法等。对于海水淡化，能耗是决定其成本高低的关键。水合物技术应用于海水淡化就是利用较易生成水合物的气体分子与海水中的水相结合生成水合物，然后将固体水合物晶体分离出来，再使其分解，即可得到淡水。用水合物法淡化海水是研究最早、授予专利最多的一种水合物技术。该项技术最大的优点是能耗低、设备简单、紧凑、安全无毒。如果直接利用海底的低温高压环境来生成水合物，则不需要制冷能量，可以大幅降低能耗。根据计算，生产 1 m^3 淡水仅需 2.64 kW·h 的电能，显示出良好的应用前景。但在设计淡化装置时，对水合物形成物有一定的要求：①最好能形成高水气比的水合物且相变热低；②在较低的压力和较高的温度下能形成水合物，且水合物形成速度较快；③在水或盐水中溶解度低；④无毒、价廉易得、无爆炸危险。从海水浓缩溶液中分离水合物晶体的难度较大，同时还会夹带一些浓溶液，而这些浓溶液的脱除也比较困难。就目前的科技水平而言，该项技术还难以实现大规模的工业化应用。水合物法海水淡化技术只在一些缺水的国家和地区（例如沙特阿拉伯）实现了工业化。

5.2.8 气体混合物分离

小分子气体（甲烷、乙烷、二氧化碳、氮气等）在一定温度、压力条件下和水形成水合物的难易程度是不一样的，因此可使易生成水合物的组分优先进入水合物相，难生成的组分大部分仍保留在气相，通过平衡的气-固两相的组成差异来实现气体混合物的分离，如图 5.10 所示。

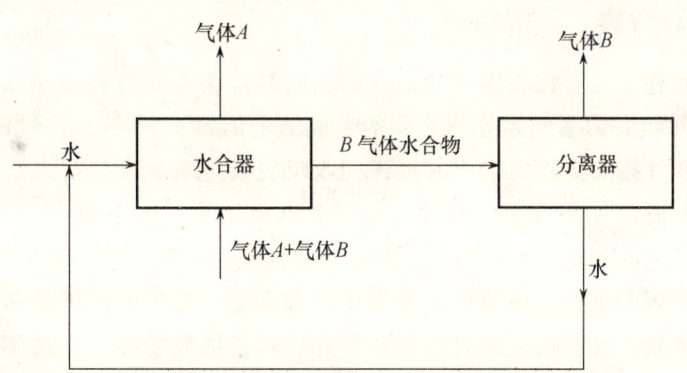

图 5.10　水合物法分离混合气体的流程

关于气体混合物分离，已经有许多成熟的技术，包括精馏、吸收、变压吸附以及膜分离等。对于低沸点气体混合物的分离，水合物方法与这些传统的分离方法相比有其独特的优点。对于那些用精馏法需在低温下分离的低沸点气体混合物，水合物法可在零度以上进行分离，大大提高了分离操作的温度，可节省能耗与设备投资。与变压吸附和膜分离方法相比，水合物法具有压力损失小、分离效率高等优点，在特定背景下具有竞争优势。

由于水合物分离气体混合物技术具有节能、高效、无污染等优点，使其在下列场合具有很好的工业应用前景：①从含有较高浓度氢气的炼厂干气（如加氢尾气、重整干气等）和合成氨装置池放气中分离回收氢气；②从炼厂催化干气中分离回收氢气和 C_2 组分；③改造乙烯裂解气深冷分离流程，去掉昂贵的冷箱，降低脱甲烷塔冷负荷或完全代替深冷分离流程。

苏联曾报道了利用水合物法分离气体的专利方法：在 5 ℃、5 MPa 条件下，使气体混合物通过含水合物促进剂的水溶液，一些轻质气体（如乙烯）与水形成固体水合物，从而达到分离气体的目的。美国研发了一种分离轻烃类气体设备的专利，利用此设备，热水或热盐水与烃类水合物接触并使其分解，水从设备中流出时将烃类气体以气泡的形式夹带出来。美国哥伦比亚大学的 Happel 等在 1994 年召开的第一届国际天然气水合物会议上，提出了一种新型的气体分离装置，它利用水合物的生成可将氮气从甲烷中分离出来。美国还研发了一种从天然气中分离特定烃类的专利方法，此方法尤其适用于轻烃和二氧化碳的分离。国内，马昌峰等研发了一种从含氢气体中分离浓缩氢的新技术。

目前对水合物法分离技术的研究主要还处于实验阶段，真正要将水合物分离技术发展到工业化水平，还有许多工作要做。无论如何，水合分离技术一定会作为一种新的分离方法在气体混合物分离领域发挥重大的作用。

5.2.9 处理有毒、有害物质

在运输过程中，有毒气体（如氯气和硫化氢）很容易挥发和泄露。为了解决这个问题，可以将这些气体先形成水合物再进行运输，需要的时候再进行气化。实验证明，氯气在 0.1 MPa、7 ℃ 的条件下即可形成水合物。

5.2.10 输送煤层气

煤层气的密度小，不易液化，不易储存和运输，对于中小城镇和小型用户来说铺设输气管线在经济上是不可行的。另外，由于抽放管路与方法不合理，有相当部分的煤层气（甲烷浓度低于30%）因无工业应用价值以及常规提纯成本高而直接排放到大气中，既污染环境，又浪费资源。因此可以考虑利用水合物方法对抽放煤层气进行提纯。抽放系统流出的煤层气经脱水后加压，在反应器中进行低温水合操作，最后脱水冷冻成固体水合物，非水合气体则从反应器中排出。以固态水合物形式储运煤层气具有安全性高、成本低等优点,有望成为今后一种重要的储运方式。

5.2.11 其他应用

水合物技术还可应用于纳米级半导体微晶合成、水合物/冰蓄冷空调新技术、热泵型空调新技术、环保型制冷剂、相变储能材料、活性炭生物膜方法等。

第6章 天然气水合物开发的潜在风险

　　毋庸置疑，天然气水合物资源对人类的生活和生存有着重要的意义。天然气水合物的开发利用涉及两方面的问题：①从能源方面考虑，这一资源的储量巨大，有望满足人类未来对清洁能源的需求。天然气水合物的主要成分是甲烷，燃烧后污染很小，且其储量大，分布范围广，应用前景好。这意味着它有可能成为传统化石能源（如石油、煤、天然气等）的一种潜在替代品。②从环境方面考虑，人们在关注其巨大资源潜力的同时，也不能忽视天然气水合物可能带来的负面环境效应和灾害性的影响。作为温室气体——甲烷的重要载体，天然气水合物的开发利用可能会引发全球气候变化和海底地质灾害。因此，必须有超前的防范意识，及早开展天然气水合物对环境影响的研究，以防止其对环境造成的不良影响。目前，天然气水合物的环境效应已日益引起世界各国的高度重视，尤其是在天然气水合物资源开发的理论和技术都还不够成熟的阶段。

　　天然气水合物仅在低温和高压状态下才能够稳定存在，与自然环境条件处于十分敏感的平衡之中，对海洋地质灾害和全球气候变化有着较大的影响。当赋存条件因种种原因（如气候变化、构造活动、地震、火山甚至人为开采等）发生变化时，往往会导致天然气水合物的失稳和无序不可控释放，从而有可能造成海洋地质灾害或影响全球气候变化，引发强烈的环境效应。因此，世界各国对天然气水合物的开发都持非常谨慎的态度。在研究其资源前景的同时，也研究其可能诱发的海洋地质灾害以及对全球气候的影响。

6.1 天然气水合物与地质灾害

　　天然气水合物主要存在于低温、高压条件下的海底沉积物和陆地永久冻土带中。天然气水合物使气体和水以固态形式储存在地层的孔隙中，这有可能会抑制矿石间的黏结，弱化岩石的强度。当形成更多的水合物时，沉积层对气体和液体的渗透性下降，最后使它们形成稳定的水合物层。水合物层连续不断地沉积使自身越埋越深，当水合物层底部的温度高到其自身压力所对应的相平衡温度时，固态气体水合物不稳定地分解为液态的气水混合物,因此会大大降低岩石的胶结强度。天然气水合物的分解使海底沉积物的力学性质减弱,导致天然气水合物层底部可能因重量负荷或地震等外界因素的扰动而出现剪切强度降低的薄弱区域,进而发生大片的水合物层的滑坡,并带动岩层流动或崩塌。

在天然气水合物引发的海洋地质灾害中,目前较为一致的认识是:海平面升降、地震及海啸会导致水合物分解;而水合物分解产生的滑塌、滑坡以及浊流可能进一步引发新的地震和海啸。引发的自然灾害会对海底电缆、通信光缆、钻井平台、采油设备等工程设施造成威胁或破坏,甚至波及沿岸的建筑物,危害航行安全和人们的生命财产。天然气水合物引发的灾难事件已在很多海域有所发现,例如南西非大陆斜坡和隆起、美国附近的大西洋大陆斜坡、挪威海域等。科学家猜测,被世人称为"死亡陷阱"的神秘的百慕大三角地区发生的轮船、飞机失事事件就与海底的天然气水合物急剧分解所释放出的大量甲烷气体有关。在海底沉积物中,天然气水合物的形成能够在孔隙中产生一种胶结作用,这对沉积物的强度有着重要的影响。温度和压力的微小变化都会改变天然气水合物的稳定状态,影响沉积物的强度,进而引起海底滑坡及浅层构造的变动,最终诱发海啸、地震等地质灾害,如图 6.1 所示。

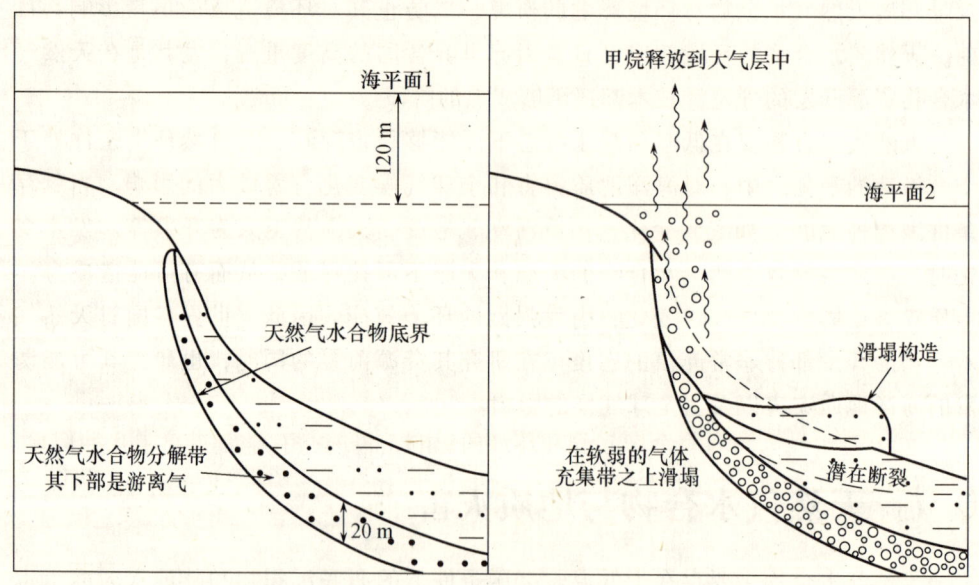

图 6.1 天然气水合物分解诱发海底滑塌的示意图

海底滑坡是一种常见的地质灾害。一般来说,坡度小于或等于 5° 的海底斜坡在大陆边缘应该是稳定的,但仍发现有许多滑坡体存在。这些滑坡体的顶部深度通常接近于天然气水合物分布带的顶部深度。地震剖面显示，在滑坡体下面的沉积层中几乎没有天然气水合物存在。诱发滑坡发生的一种机理是：位于天然气水合物层底部的天然气水合物分解，使天然气水合物带从半胶结状态转变为充满气体的状态，从而使天然气水合物带强度迅速降低，最终导致滑坡的发生。

虽然天然气水合物会产生严重的地质灾害，但实际的证明材料却不多。许多学者尝试将大陆边缘的一些大型滑坡现象与天然气水合物的分解与失稳联系起来。末次冰期的某些水合物分布区出现了巨大的滑坡，这与冰芯记录中甲烷含量曾数倍于当时大气中的甲烷含量是密切相关的。已知最大的海底滑坡是挪威大陆边缘的 Storrega 滑坡，它留下 290 km 长的谷头陡壁断崖，向下陆坡延伸逾 800 km，运移了 5 000 km³ 的物质，其中首次滑塌可能释放了 5×10^{12} kg 的甲烷，这可能与天然气水合物的分解有关。

人类正在不断地认识天然气水合物资源，并拟在不久的将来进行开采，而由此产生的海底地质灾害也可能不断地增加。

6.2 天然气水合物与温室效应

目前的认识表明，天然气水合物对全球气候变化有着很大的影响。甲烷是绝大多数天然气水合物的主要成分，也是大气中重要的微量组分之一，目前大气中的甲烷含量大约是 4.9×10^{15} g。从工业革命前到现在，大气中二氧化碳的浓度提高了 25%，而甲烷的浓度则翻了一番，平均年增长率为 0.9%，这说明甲烷浓度提高得更快。与二氧化碳相同，甲烷也是一种"温室"气体，而且温室效应比二氧化碳要大得多，是等质量二氧化碳气体的 20 多倍，它对温室效应的相对贡献今后还会增大。圈闭在大陆和海洋天然气水合物中的甲烷量大约是大气中甲烷量的 3 000 倍，所以，天然气水合物中甲烷的释放将对大气层的组分构成产生巨大的影响，进而影响全球气候的变化。随着地球温度受温室效应的影响而不断上升，一旦地层中的甲烷水合物分解，将会造成恶性循环，严重地影响全球的气候。

关于天然气水合物对全球气候和环境的影响，目前已有学者提出了几种假设。一般认为，在全球冰川期和间冰期的极地区和海洋区的天然气水合物的稳定性及由其导致的气候效应是不同的。但遗憾的是，迄今为止人们对极地地区和海洋地区天然气水合物中天然气的释放量、天然气水合物分解和释放的动力学过程仍然没有了解清楚，以至于难以确定天然气水合物究竟是气候和环境变化的缓冲剂还是加速剂，或者在某种程度上影响了全球的气候和环境。目前，天然气水合物与全球气候变化关系的研究已成为一个活跃的前沿课题。

天然气水合物存在于地壳浅层（小于 2 000 m），储量巨大，当遇到环境变化时，温度的升降、压力的变化、海平面的变化、沉积盆地的升降、上覆沉积物的增厚、构造活动、流体活动等都会影响天然气水合物层的稳定性，甚至导致天然气水合物层的破坏，释放出天然气并最终进入大气层（王淑红等，2004）。温室气体甲烷等进入平流层后，人为源（360×10^{12} g/a）比自然源（150×10^{12} g/a）占有更大的通量。20 世纪 60 年代到 1983 年的监测表明，大气中的甲烷正以每年 0.9% 的速度增长。冰芯中的气体分析表明，在最后一次冰期、间冰期的转换过程中，空气中的甲烷浓度有接近两倍的变化，即从 350×10^{-9} 增加到 650×10^{-9}（体积浓度）。存在于地壳浅层的天然气水合物含有数量巨大的甲烷（$10^{15} \sim 10^{17}$ m³，标准条件下），至少是大气中甲烷总量的 3 000 倍。因此，一旦水合物大规模地分解释放出甲烷气体，有可能会对全球气候带来灾难性的影响。

海底天然气水合物的分解可能产生气态甲烷，并增加海水中溶解态甲烷的浓度，如图 6.2 所示。甲烷将从过饱和的海水进入大气，使大气中的甲烷浓度随甲烷水合物的分解而增加。因此，存在于地壳浅表层的天然气水合物稳定与否，会影响到全球气候变化的走势。已经有研究结果表明，大气层中的甲烷含量在近 20 万年里与地球的温度是紧密耦合的。从地史来看，全球气候变化与

图 6.2 天然气从海底天然气水合物中释出

天然气水合物释放甲烷有关。人们十分关心在全球气候变暖后从天然气水合物中额外释放的甲烷进入大气后产生的后果。基于天然气水合物储集层的尺度和甲烷中同位素的组成，推断出大陆边缘浅地质储集层中的天然气水合物可以释放大量的甲烷，这些甲烷进入海洋后可能会改变海洋中溶解碳的组成，或改变大气中甲烷的浓度。天然气水合物中释放的甲烷在古新世末的增温事件中就起了重要的作用。目前，已在始新世末、早白垩世、晚侏罗世、早侏罗世等时段发现了天然气水合物大量分解、释放甲烷而导致全球升温的确切证据。已有人用天然气水合物快速释放甲烷来解释早侏罗世沉积、晚侏罗世沉积以及古新世海洋和大陆碳酸盐成分中 $\delta^{13}C$ 的负偏移现象。古新世晚期，强烈的火山活动释放的二氧化碳导致了全球变暖，通过有孔虫 $\delta^{13}C$ 值的估计，海洋温度大约增高了 7 ℃。Nisbet 将现阶段的全球变暖与 13 500 年前最近的一个主要冰期结束时天然气水合物中甲烷的释放相联系，指出在全球温暖期，极地天然气水合物分解并释放出甲烷而进入大气层，会导致全球环境的进一步变暖。Kvenvolden 等测量出阿拉斯加冰盖下甲烷的浓度比大气中的平均浓度高 6~28 倍，据他估计，这仅仅释放了天然气水合物中

甲烷的 1%。除了震动导致了对地质和大气的影响以外，也有板块碰撞影响气候的证据。Max 等认为晚白垩世的甲烷气体在板块碰撞后可能突然从海底释放出来，使空气系统产生了破坏。

深海沉积物的地球化学指示物、冰芯以及其他地质指示物证明，以前气候的快速变化与大气中的温室气体浓度密切有关。最后一次冰期的结束与天然气水合物储集层中释放的大量甲烷有关，或者说后者对最后一次冰期的结束做出了极大的贡献。

现在，全球变暖的趋势可能引起冻土带和海底天然气水合物的分解。加拿大的福特斯洛普天然气水合物层正在融化，这可能就与全球变暖有关。而天然气水合物分解释放出的甲烷又将导致大气温度的进一步升高，从而加快全球气候变暖的进程。但是，目前大气中的甲烷有多少是因为天然气水合物的分解而产生的并不是很确定。统计显示，每年进入大气层的甲烷为 500×10^6 t，其中来自自然界的只有 160×10^6 t，其余的则与人类的活动有关，而海洋每年向大气提供的甲烷仅为 10×10^6 t，因此天然气水合物的分解对全球气候的影响也许并不如想象的那么严重。

理论上而言，海底压力的变化对天然气水合物的逸出是有很大影响的。但实验研究发现，海底压力变化对甲烷逸出率的影响是可以忽略的。尽管温度变化对深海海底环境的影响是显著的，但它造成海底甲烷逸出率的最大变化却小于 10%，这么微小的变动在大气甲烷量波动很大的观测数据中可能显示不出来。而且温度变化与甲烷逸出率变动之间的时间延迟是非常大的，这与大气甲烷与温度几乎同步变化的认识也不一致。另外，天然气水合物分解的甲烷进入海水后会被大量溶解，未溶解的甲烷还要经历强烈的氧化作用。因此，与海洋沉积物中天然气水合物分解有关的温室气体逸出对全球气候变化的贡献可能是有限的。最近的一些研究也认为，天然气水合物似乎更应该是海底甲烷迁移的缓冲器，它缓和了海底甲烷气的释出。水合物分解所释放出的甲烷在沉积物-海水-大气系统中也会发生一系列的迁移和转化作用，这一过程还有待于进一步的研究，才能确定天然气水合物在全球气候变暖这一问题上究竟扮演了什么样的角色。

6.3 天然气水合物与生态环境

如果海底天然气水合物资源开发不当，造成天然气水合物无序、不可控地分解，会导致海水毒化，甚至使海洋生物灭绝。天然气水合物的分解可能会引起全球气候变化，必然对动物、植物的生存和演化产生影响，使地球上整个生态系统发生变化。

海洋中，天然气水合物分解释放的甲烷气或游离的甲烷气在沉积物中向上移动，这些气体如果遇到合适的温压条件可以二次生成天然气水合物；不能二次生成水合物的甲烷气体继续向上运移，在缺氧环境中与硫酸盐发生厌氧氧化反应。通过厌氧氧化作用后，一部分气体以二氧化碳的形式进入水中，而另一部分排溢的甲烷气由于厌氧氧化作用被硫酸盐氧化并沉淀出碳酸盐矿物，以固体形式储存于海洋沉积物中或形成菌席、蛤床等特异自生生物群落。有研究表明，这一过程中 90% 的甲烷可在沉积物中被消耗，从而阻止甲烷继续向上运移。甲烷的厌氧氧化反应主要受氧气和硫酸盐数量的影响，如果沉积物中的氧气和硫酸盐含量较少或甲烷总量较多（如海底渗漏），厌氧氧化就不能完全消耗海洋沉积物中的甲烷，这时天然气水合物分解释放的甲烷就可能穿透厌氧甲烷氧化带向上运移进入到水体中。进入海水中的甲烷有两个去向：①在含有大量溶解氧的水体中，发生耗氧甲烷氧化反应，大部分甲烷会被进一步氧化为二氧化碳，其中的部分二氧化碳可以溶解碳酸盐矿物。海水中的耗氧甲烷氧化反应非常强烈，反应速率也非常快，这一过程可消耗大量的甲烷。有研究表明，生物成因的耗氧甲烷氧化反应几乎是完全的，热成因的甲烷也可在耗氧氧化作用下被消耗掉 80% ~ 90%。天然气水合物分解释放出的游离态甲烷气体进入海水，消耗其中的氧气，使海水被还原，这一过程发生了下列的化学反应：

$$CH_4 + O_2 \longrightarrow CO_2 + H_2O \qquad (6.1)$$

$$CaCO_3 + CO_2 + H_2O \longrightarrow (Ca(HCO_3)_2 \qquad (6.2)$$

这些化学反应会大大降低海水中的氧气含量，而增加海水中的二氧化碳的含量。海洋生物大都需要从海水中吸取氧气，以维持生命活动。由于缺氧，一些喜氧生物群落会萎缩，甚至导致许多深海物种的死亡或暂时消失；另一方面，生物礁退化，海洋生态平衡遭到破坏。研究表明，很多因素都会导致海水中氧气含量的减少，进而影响海洋生物的活动甚至造成海洋生物的灭绝。但在诸多的影响因素中，天然气水合物的分解是主要因素，而海洋缺氧是海洋生物灭绝的直接原因。②未被氧化的二氧化碳与部分甲烷可以继续上升。在接近表层水时，浮游植物可将部分二氧化碳通过光合作用转化为氧气并释放到大气层中；剩下的甲烷和二氧化碳则通过水体最终到达大气层。进入大气层的甲烷继续被氧化；陆地植物通过光合作用会将一部分二氧化碳转化为氧气。

实际上，上述两种过程所消耗的甲烷量与海底天然气水合物的分解形式是密切相关的。当天然气水合物缓慢分解时，有足够的时间发生①中的反应，因此大量的甲烷气在第一个过程中即被消耗，逸出海洋进入到大气层的甲烷份额较小。但如果海底天然气水合物大规模地分解时，则会有大量的甲烷气逸出海洋进入大气中。

另外，当水合物稳定条件遭破坏时，海底沉积层中的水合物可发生分裂，形成天然气水合物块向上移动。而深海海底天然气水合物分解产生的气体在上升过程中，由于海洋温压条件的变化，也很容易二次生成天然气水合物。这两种形式的天然气水合物在上升过程中所分解产生的甲烷气泡比从海底上升的甲烷气泡更容易到达表层。

研究表明，海洋缺氧是导致海洋生物灭绝的直接原因。Kats 等（1999）认为，海底沉积物中的天然气水合物分解所释放的游离态甲烷气进入水体，并与海水中的溶解氧发生化学反应，导致氧浓度降低、水体温度增高，许多深海物种因此死亡或暂时消失。赵省民（1999）认为，水合物分解引起的地质灾害也会导致海底生态环境恶化而殃及海洋生物，地史时期生物的大规模灭绝可能与此有关。Matsumoto（1995）和 Dickens 等（1995）根据海洋碳酸盐中 $\delta^{13}C$ 值强烈的负偏移指出，天然气水合物的大量分解已经引起了古新世末期的全球变暖、海洋缺氧以及生物灭绝。Kaiho 等（1996）认为，水合物释放的额外甲烷一方面加速了全球变暖；另一方面消耗了海洋中的氧气和硫，导致海洋缺氧，使深海有孔虫减少了 30%~50%。Raup 和 Sepkoski（1982）指出，Frasnian/Famennian 边界事件是显生宙时期五个主要生物灭绝事件之一。这个边界记录了物种多样性的大量减少。二叠纪/三叠纪（P/T）生物灭绝事件是显生宙最大的一次灾难。到目前为止，各国学者已经提出了多种机制解释 P/T 边界事件，包括海洋缺氧或深海二氧化碳的产生、温室效应、火山作用、天然气水合物中大量甲烷的释放等。

目前，理论界提出了天然气水合物对环境的反馈机制：高纬度的极地和中低纬度的陆缘海的天然气水合物对全球气候变化的反馈是不同的。总的来说，极地的天然气水合物对气候变化有正反馈，而中低纬度陆源海的天然气水合物对全球气候的变化可能有负反馈，且在现阶段的全球变暖过程中极地的天然气水合物的正反馈起着主导作用。在间冰期，全球变暖，冰川和冰盖融化，永久冻土带地层中的天然气水合物由于温度升高和压力下降而变得不稳定，会释放甲烷，产生温室效应，对全球变暖产生正反馈。同时，在中低纬度的陆源海，一方面由于海水温度上升使天然气水合物不稳定；另一方面，由于海平面上升，海底静水压力增大，又使天然气水合物的稳定性增加。由于海水的热容量大，底层海水的升温不显著，因此静水压力的影响可能占主导地位，故总体效应可能使天然气水合物的稳定性增高，对全球变暖产生负反馈。在冰期，全球气候变冷，极地地区的天然气水合物趋于稳定，这促进了全球气候变冷，而陆源海的天然气水合物变得不稳定，抑制了全球气候变冷。

从天然气水合物对环境的反馈机制上看，海洋天然气水合物受外界温度的影响不是很大。但当海水温度足够高时，天然气水合物会分解释放甲烷气体。目前已有证据表明，海洋沉积物中的天然气水合物所分解释放的甲烷可以进入海洋。海平面的突然快速下降、强烈的地质构造活动、地震等引发的大陆坡坍塌或海底水合物压力过高引发的沿构造裂隙的快速透涌均可导致甲烷在短时间内大规模地快速排放，从而对全球气候产生极大的影响。从地史来看，全球气候的变化与天然气水合物释放甲烷确实密切相关。

图6.3归纳了天然气水合物的整体环境效应。

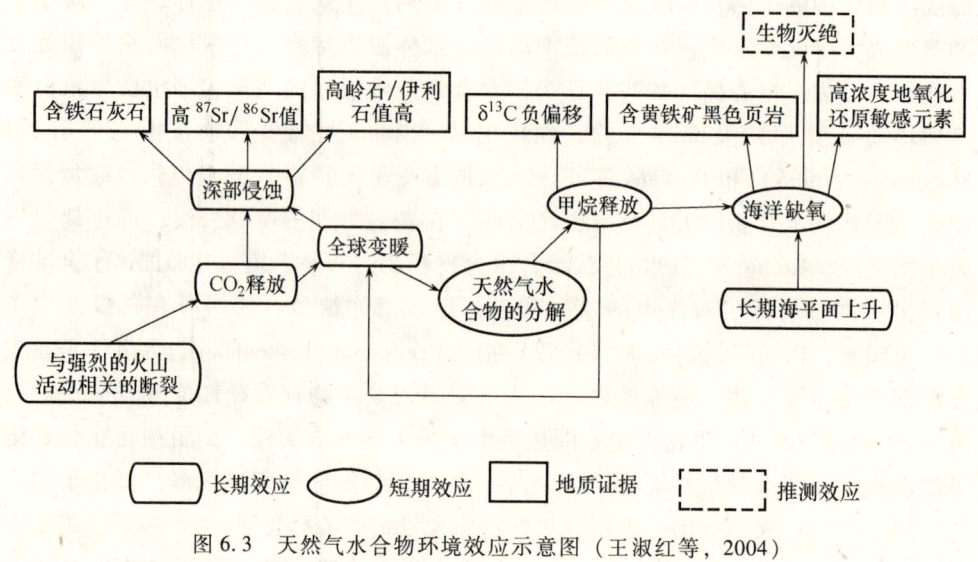

图6.3 天然气水合物环境效应示意图（王淑红等，2004）

6.4 天然气水合物开发对海洋石油钻采的潜在风险

随着深水油气田的开发，天然气水合物几乎成了石油钻采过程中不可避免的问题。一方面水合物因其储量巨大、分布广泛而被认为是一种重要的能源；另一方面水合物的开采也可能会带来一系列的问题，例如环境灾难、海洋地质灾害、海洋工程灾害等（Sultan等，2004）。因此，需要采用一些特殊的技术来满足水合物区域钻探需求（刘华等，2006；Hannegan等，2004；Prassl等，2004；Kadaster等，2005）。本节主要探讨水合物对海洋石油钻采的潜在风险。有文献报道，墨西哥湾水深945 m处和美国西海岸水深351 m处钻井过程中在海底防喷器内发现了天然气水合物。在墨西哥湾，操作人员在610～2 287 m水深钻井时，平均每口井要经历一次或多次气侵现象，部分气侵是水合物造成的，也出现过由于水合物的形成导致无法连接防喷器的事故。在北非深水区，当钻进遇到水合物层时，少量气体从钻杆连接处流出井口，还有少量气体持续不断地从表层套管间流出井口。在东南亚深水地区，第一次钻遇水合物时的井深为1 109 m，在钻井过程中发现持续的气体从表层套管间流出井口（Nimblett 等，2005）。钻采过程中引入的温度和压力扰动会改变水合物原始的赋存状态，从而可能使处于稳定状态的水合物分解产生气体和水；另一方面，地层内的气体也可能在井筒和管线内形成水合物。这都会给石油开发和开采带来一系列的影响。产生的气体会在防喷器闸板腔内形成水合物，造成严重的井控问题；水合物还会导致压井管线和井筒堵塞；立管内的水合物会堵塞钻柱环空；水合物还会堵塞钻杆影响钻井液的循环；在钻杆和防喷器之间形成的水合物会阻碍钻柱的移动；在油管和套管环空之间形成的水合物会使油管卡住；水合物的分解能使井口周围下沉，从而导致井口连接器无法运行；水合物还会改变钻井液的流变性，使得钻井液的物性发生变化；水合物的分解使得井径扩大，影响固井和测井质量；热流体通过井筒导致的水合物分解会产生气体，使水泥胶结质量变差，甚至挤毁套管，对石油钻采具有很大的危害。

1. 水合物导致井控问题

水合物可导致压井管线和节流管线堵塞。Barker 和 Gomez（1989）描述了两起由于水合物而引起的停钻事故。第一起发生在加利福尼亚的水深 350 m 的海域，泥线温度为 7 ℃，防喷器的气体管线被堵塞而导致防喷器关闭，在井控操作后，节流和压井管线被堵住。在完成固井工作和回收防喷器之后，在压井管线和节流管线内发现了水合物。第二起发生在墨西哥湾水深 945 m 的海域，泥线温度为 4 ℃。在钻井过程中，水合物能够在防喷器闸板腔内形成。闸板类型的防喷器是依靠压力辅助关闭的，没有密封垫片阻止气体和水合物进入到闸板腔内，而形成的水合物会阻止闸板再次打开。目前的防喷器设计尚无法消除水合物的影响，主要体现在以下几个方面（Botrel，2001）：

（1）从压力的完整性考虑，很难在防喷器腔上接入化学剂注入端。

（2）防喷器和节流管线出口之间的管路和直径变化会加速流体的流动，增加气体和钻井液的接触，从而使得已经处于冰点的温度继续降低。

（3）从水平方向到垂直方向的 90°弯角变化会进一步加剧水合物形成的风险。当关井一段时间后，井内气体随着温度和压力条件的变化可能会生成固态水合物，这会导致更严重的井控问题。

因此，在钻遇水合物地层时，在井控方面需要做好以下几方面的工作：

（1）加强对含水合物层井喷的预测。开钻前通过井位调查收集相关信息，钻进中可以通过随钻测量（measurement while drilling，MWD）/随钻测井（logging while drilling，LWD）的实时测量获得相关信息。在钻遇水合物时，最好从一开始就使用 MWD/LWD。在开钻前预测可能发生井喷的地层深度、气体产生情况以及地层压力是防止井喷的有效方法。但目前预测水合物基底的深度非常困难，已有的拟海底反射（BSR）、相平衡条件等预测方法的精度都不高。据 ODP164 航次调查结果显示，以相平衡条件预测的水合物基底深度比实际深度深几十米至一百米。

（2）加强对井喷显示的监测。钻井作业中，只有及时探测是否已经钻遇水合物层或者下部游离气层，才能够及早采取相应的对策，减少井喷事故发生的可能性。通过进尺判断钻进中的水合物层或者游离气层相当困难，很难辨别是浅层气还是水合物分解气或者下部游离气，而且可能误判。依靠现有技术，例如 MWD、LWD 等可以探测水合物，但这些仪器传感器的位置距离钻头有一定的距离，只有钻至该地层一定深度后才能知道水合物是否存在，所以存在探测滞后的问题。

（3）加强水合物井喷控制。传统井控方法都是使井底压力略高于地层压力，以防止地层流体进入井内。井喷的发生受周围压力、温度条件以及钻头进尺等制约。预测水合物层的产气量需要研究水合物在当地条件下的分解产气速度，在上述工作的基础上，借鉴以往在永冻土地区钻进水合物层采取的方法，可以通过钻井液来调整温度、压力以及排放气体，从而控制从水合物层流入井内的气体流量。钻进水合物层时，井喷控制工作的主要内容包括：钻进中及停钻后水合物层的井喷；钻入水合物下部游离气层时的井喷；防喷器内水合物的再生成。与常规海洋钻井的井喷控制相比，钻遇水合物时的井喷控制需要考虑下述的特殊条件：①水深大。与浅水相比，相同深度地层的固结度差，地层破坏强度低，与地层压力梯度差小。②钻进深度浅。地层破坏压力梯度小，存在钻达水合物层之前不能下套管的可能性。③低温。海底面附近容易再生成水合物。④水合物的物性。预测水合物基底很困难，压力、渗透率、孔隙率和饱和率、分解速度等指标不易弄清楚，难以推断产气量。

2. 水合物导致钻井液性质改变

在使用水基钻井液进行钻进时，气体在钻井液中形成水合物会消耗钻井液中的水分，改变钻井液的流变性，从而导致钻井液的黏度问题，使携岩能力发生改变，并引起重晶石沉淀，堵塞环空造成卡钻。岩屑中的水合物从环空上返过程中，钻井液压力逐渐减小，当低于水合物相平衡压力时，钻井液中的水合物就会快速分解，产生压力波动，容易引起井涌甚至是井喷。当钻井液中气体含量很高时，会降低整个环空压力，从而导致更加严重的水合物分解，加剧井喷和井壁的不稳定性。水合物还会改变钻井液的造壁性能，从而影响到井壁的稳定性。即使采用油基钻井液，该问题也在一定程度上存在。在使用油基钻井液时，如果形成水合物，则油基钻井液的流变参数增大，使保护油层和正常钻进的钻井液性能发生完全改变。

常用的解决方法是在钻井液中加入添加剂，要求添加剂和钻井液的其他组分具有很好的配伍性。可以通过以下经验判断哪些区域需要使用添加剂

(Christine 等，2002)：

(1) 水深小于 1 000 ft (305 m)，可能没有水合物；

(2) 水深小于 1 500 ft (457 m)，没有抑制剂，水合物形成风险增加；

(3) 水深小于 2 000 ft (610 m)，没有抑制剂，水合物形成；

(4) 水深大于 2 000 ft (610 m)，单独使用电解液抑制剂是不能完全抑制水合物形成的。

国内外的研究表明（蒋国盛等，2001；宁伏龙等，2006；Hideaki 等，2001），在水基钻井液体系中，采用加入氯化钠的方法是可行的，典型的氯化钠/聚合物钻井液体系中氯化钠的含量为 20%~23%，在深水（达到 7 500 ft）钻井时也没有出现问题。对于同样的质量浓度而言，氯化钠是效率最高的抑制剂，其次是氯化钾，氯化钙以及溴化钠。但大量加入这些盐类会增加钻井液密度，增加泥配比难度，同时也增加了钻井液的腐蚀性。

国外专家通过一系列实验发现，在钻井液中加入一定量的化学试剂（包括卵磷脂、多聚物或 PVP 等），令其吸附在天然气水合物的表面，可以减缓天然气水合物的分解速度，并可促进分解产生的水和气体再次迅速地形成水合物，从而控制气体的扩散。日本在对南海海槽开钻以前，在室内对拟采用的钻井液添加剂进行了实验。对 PVP 和 PVCap 分别进行实验发现，对于深水钻进而言，PVCap 是能够阻止水合物分解和形成的最有效的化学物质。最后，选用了质量含量为 6% 的氯化钠/氯化钾/聚合物/PVCap 钻井液来钻开水合物层，该钻井液在低温下依然具有很好的流变性。

此外，采用低温钻井液也能有效地抑制水合物分解，但要保证所用钻井液在冰点以下能够正常工作。一方面，这要求钻井液在低温条件下能够起到常规钻井液所具有的护壁堵漏功能，即具有良好的流变性和滤失性能，例如视黏度、剪切强度、动塑比和滤失量等；另一方面，要求控制其本身的流体温度，避免在循环过程中由于钻井液本身的热传递而改变所钻地层的固有温度，从而使其性能发生改变。水合物钻进过程中需要低温操作，因而需要钻井液冷却系统，要求钻井过程中，上返钻井液温度不能高于水合物层的相平衡温度。在日本南海海槽钻井时，钻进水合物层的过程中，为保证钻井液温度不高于水合物的相平衡温度，需要功率为 520 kW 的制冷设备，该设备能够把流量为 2.3 m^3/min 的钻井液从 15 ℃ 冷却到 3 ℃。但是该设备太庞大而无法安装在钻机上，最后经过设计改良重量仍有 70 t，占据很大空间。

在 Mallik 钻进中，水合物层的深度大致在 900~1 000 m，因此预先设定的钻井液温度不应超过 15 ℃。事实上，这一点很容易达到，在实际钻进过程中钻井液的温度被控制在 5 ℃ 左右（Hideaki 等，2003）。但是，此温度却很难控制岩屑中水合物的分解，尤其是随着井筒内压力的减小，水合物的不稳定性增强，钻井液中气体含量高达70%。为了降低气体含量，仅通过增加钻井液密度是无效的，只能降低钻进速度。因此，钻井液中含有大量的气体，对除气设备的要求很高。

3. 水合物导致井壁稳定性变差

在水合物分解区域，分解产生的气体和流体的过压流动会导致沉积物胶结强度变差。天然气水合物地层多是可渗透的半固结、未固结砂岩或者泥质砂岩，加之天然气水合物的存在，使得在此类地层钻井时问题更加突出。当井眼打开时，由于温度和压力变化导致了水合物发生分解，当固态水合物起胶结或骨架支撑作用时，分解本身就会使井壁坍塌，而分解产生的水增加了井壁地层的含水量，降低了地层颗粒间胶结的有效应力，使颗粒间的胶结减弱，导致井壁不稳。分解产生的气体又影响钻井液相对密度和流变性，对井壁稳定愈发不利，甚至还可能引发井涌甚至井喷等钻井事故。另外，钻井是一个非绝热过程，水合物地层又是多孔介质体，因而钻井液和水合物地层必然会发生传热和传质作用，表现为钻井液向井周围地层中渗透以及水合物的分解，二者的耦合作用导致了井壁围岩孔隙水压力增加，有效应力减小，从而使井壁力学失稳。水合物导致的井壁失稳，可能会造成套管毁坏事故。井壁不稳定可能导致井径扩大，并由此产生一系列的问题，例如井眼清洗难度加大、钻柱发生弯曲、封隔器难以坐封、测井困难、固井质量变差、井下工具下入困难等。

在日本南海海槽先导2号井下套管固井时，由于井眼的无规则扩大，水泥浆用量超过了钻机储罐的最大能力，又额外泵入110 m^3 水泥浆。尽管如此，测井结果仍表明固井质量非常不好。井径扩大使得下套管固井和有线测井非常困难，在遇到这种水合物层时应尽可能快地钻进通过。

在生产过程中，当深部地层的热流体在井筒中上行时，由于套管和水泥环的导热，热量进入地层，从而导致水合物分解。分解产生的气体膨胀，一方面严重地影响了固井质量；另外一方面在高压推动下的上行气体和流体使得套管外压猛烈地增加，从而发生挤毁套管的事故。

对井壁稳定性进行控制，一方面需要造壁性能优越的钻井液体系；另一方面，还需要结合水合物分解的动力学，研究钻进过程中水合物地层力学特性的变化及其影响因素，从而更有针对性地提出合理地保持井壁稳定性的方法。

4. 水合物导致井口周围下沉

水合物分解降低了海底和近表地层的稳定性。水合物分解会在气体通道上产生失效面和弱化区域，这是自然激发而导致的不稳定，例如重力载荷和波动行为。壳牌公司在北非深水区发现，海床上的裂缝和气体释放是一致的，因为水合物分解导致了海底的不稳定。这可能会造成海底设施的不稳定，甚至可能影响环境。

在水合物区域进行海洋钻井时，还需要考虑避免由于水合物分解所造成的承载力丧失和海底地基沉陷。水合物分解使井径扩大后，其井段的套管被压扁或安装在套管上端的井口装置或防喷器失去承载支撑而发生倾斜，一旦倾倒将丧失对井内压的控制，有可能导致井喷。要预防这类事故，就需要在设计时保证，即使水合物层分解也要确保其上部有能够支撑套管、井口装置、防喷器的牢固地基。为了安全地实施钻井作业，必须在以往井位调查的基础上，实施海底面以下100~200 m（导管设置深度）的勘查取心钻进，以确认地基的强度。

5. 水合物导致固井问题

水合物分解造成的井径扩大，会降低固井水泥的剪切强度。水合物也可能在套管和地层的环形空间形成，在生产过程中毁坏内部套管。北非深水地区的固井经验表明，固井时水泥放热会导致水合物分解。以往经验都是采用冷冻套管来部分解决这个问题的，另外还需要仔细考虑以下几个方面：

（1）套管程序。制定套管管理程序、固井计划时应考虑的主要问题包括下套管深度、固井井段、固井材料、套管规格。水合物钻进时，套管下入深度需要满足如下条件：①下至能够支撑隔水管、防喷器以及而后下入的套管等井口荷载的深度；②套管深处的地层强度应能够承受充满隔水管钻井液的静水压力；③套管下入深度应比水合物层基底深度浅，以利于水合物层的控制和安装防喷器。如不能满足以上条件，则在钻进水合物层及其下部游离气层时不易控制井喷。

（2）套管规格。决定水合物层套管规格的因素包括海底井口装置的载荷、外压和导热性等。载荷及外压需要结合固井井段方案进行研究；关于导热性，因为水合物层井段需要较强的绝热性，可使用绝热套管，绝热套管是加入绝热材料的特殊双壁管。套管导热性还需要结合水泥的导热性进行研究，若能获得详细的水合物层物性参数，这些问题就不难解决。

（3）固井方法。在对含有水合物地层进行固井时必须考虑如下内容：①水合物分解后，即使丧失井段套管支撑力，上部井段也能够支撑套管、井口装置、防喷器等的重量；②水合物层井径扩大可能产生的套管弯曲；③隔断深部层与水合物层。

（4）固井材料选择。选择固井材料的关键是如何控制水合物的分解。需要考虑的因素包括：①靠近水合物层的水泥固化时，水化反应热会使水合物分解，因此需要尽可能降低其水化反应热；②即使在水合物的低温环境下，也必须发生水化反应固化，还要有充分的强度；③如果钻井较深，钻井液循环会将深部地热带至上部，需要防止其传至套管外侧引起周围水合物分解；④水合物分解气及游离气都需要防止环隙气流。为满足上述条件，水合物层固井使用的水泥应具有低水化反应热，在低温下有较高的早期强度，还要有高绝热性及防止环隙气流等特性。这些条件与永冻土地区固井条件完全相同，因此可以应用永冻土地区的固井材料和技术。目前在永冻土地区一般使用强度高、胶结好、候凝时间在 16 h 以下的水泥。

　　天然气水合物储量巨大、分布广泛、使用清洁，被认为是一种很有前景的未来能源。然而，对深水钻采而言，水合物却又存在潜在的风险，它可能会导致一系列钻采事故的发生。总而言之，无论是水合物开发，还是深水油气资源开采，都不可避免地遇到水合物区域的钻采问题。日本在南海海槽的数次水合物钻探实践过程中，通过一系列的理论和实验研究，成功地预测并解决了一些在深水水合物区域钻探的风险，为深水区域油气开发时可能面临的水合物问题提供了宝贵的解决经验。我国已于 2007 年在南海神狐海域成功地钻获水合物岩心，并已初步证实，我国南海海域存在着储量巨大的水合物资源。同时，我国南海海域也蕴藏着丰富的油气资源，因此开展深水水合物区域钻采风险分析也显得尤为重要。本文较为系统地分析了深水钻井过程中，水合物可能导致的事故、原因及相应的对策，并提出了水合物区域钻采时应该考虑的一些因素，以期为未来的水合物区域的油气钻采提供一些参考。诚然，水合物还会导致其他一些钻采方面的问题，例如水合物在水下采油树帽处生成，会阻止常规的起下作业（Marques 等，2002），导致海底管线堵塞（Grefory 等，2002；Emile 等，2002）等。

第7章 天然气水合物试开采进展

迄今为止，人们已经进行了两次天然气水合物的试验开发，一次是在20世纪70年代苏联的Messoyakha地区，另一次是在21世纪初的加拿大马更些的Mallik地区。下面分别给予介绍。

7.1 Messoyakha地区天然气水合物开采状况

Messoyakha气田发现于1968年，它是西伯利亚盆地北部的第一个天然气田。到20世纪80年代中期，在西伯利亚盆地发现的气田就超过了66个，该盆地的天然气总量估算为$22 \times 10^{12} m^3$。Messoyakha气田的天然气气层为Pokur组Dolgan层。在1969—1987年年间，该气田已经生产了$14.4 \times 10^9 m^3$的天然气，并由管道输气至诺利尔斯克市。Messoyakha地区的天然气水合物藏位于西伯利亚的Yenisei-Khatanga坳陷中，背斜构造，面积为230 km²。天然气属热解气，在构造以南深凹陷中的侏罗系内生成，储集层为白奎系砂岩。

Messoyakha气田的部分天然气从气藏内沿断层向上运移至第四纪地层中，气田内多年冻结岩石层厚度为450 m，由于低温和高压环境的存在，形成了像冰一样的固态水合物。由于永久冻土层的低温，使气藏上层的天然气水合物能够稳定存在。西伯利亚盆地北部天然气水合物的稳定带的深度约为1 000 m，产气段深度为720~820 m，该气田的上部（约40 m）位于预测的天然气水合物稳定带内。Makogon等（1972）认为该储层压力为7.8 MPa，测得的10℃等温线为其原地气体水合物的下限，从而将该气田分为上部的气体水合物矿藏和下部的游离气藏两部分。根据在Messoyakha气田钻井中得到的大量的地球物理、热动力学以及地球化学方面的研究资料，确定该气田是由两个矿藏（天然气水合物矿藏和天然气藏）结合而成的，两者之间没有连续的地质隔层，两个矿体都是气-水接触形式。含气层的温度在8℃（盖层）至12℃（气-水接触处）之间变化。天然气水合物矿体和天然气矿体之间的交界线不是一条水平线，而是一条与地热等温表面一致的弯隆状线，而且地热等温面又与地层特征有一定的关系。同时，在两翼天然气水合物矿体和天然气矿体都在同一深度（804 m）与含水层直接接触。水合物层和自由气层的位置关系如图 7.1 所示。

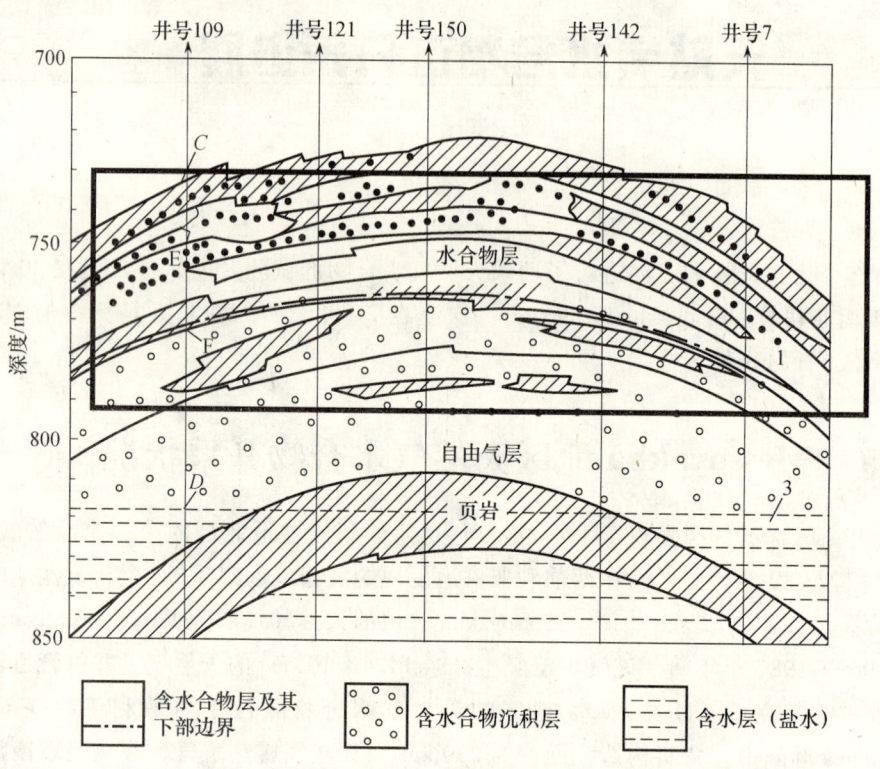

图 7.1 Messoyakha 地区现场水合物的井网布置

Messoyakha 气田天然气水合物层的基本物性参数为：水合物层厚度为 84 m；孔隙度为 16% ~ 38%，平均为 25%；绝对渗透率为 10 ~ 1 000 md；初始压力为 7.8 MPa；孔隙水盐度为 1.5%；气体组成中甲烷含量为 98.6%，乙烷含量为 0.1%，丙烷及以上烷类组分含量为 0.1%，二氧化碳含量为 0.5%，氮气含量为 0.7%。

天然气水合物矿体和自由气体矿体在相邻井中的产量差别很大，在西北部钻的 109 井、113 井、120 井和 121 井，日畅流量均未超过 26 000 m³。如果不利用强化方法，则得不到工业气流。109 井和 113 井钻开了饱含天然气水合物的薄层和薄含水层，开采时达到的最大日产量为 2 000 ~ 5 000 m³。Messoyakha 气田储层上部的试产表明，产气率非常低，这是原地气体水合物可能存在的第一物理证据。通过该气田的 62 口井的自然电位、井径、伽玛测井曲线分析发现，Dolgan 层中有明显的"冻结"岩存在。由于这些冰冻层位于永冻层带之下 250 ~ 350 m，而且地层平均温度接近 10 ℃，它们被认为是天然气水合物而不是冰。进一步分析电阻率测井曲线也表明，该气田的上部存在气体水合物矿藏（Makogon，1981）。根据测井曲线推断，天然气水合物分布在许多横向上连续的砂岩层序内，其间被页岩和粉砂岩隔开。岩心、岩屑和录井曲线的研究表明，该气田的游离气藏中，Dolgan 层孔隙度为 16%~38%。渗透率平均约为 125 md，含水饱和度平均为 40%。开采前，该气田天然气水合物和游离气藏的天然气总储量估算值为 8.0×10^{10} m³，其中天然气水合物的气储量约占 1/3。为了证实该气田的上部地层存在天然气水合物，曾进行过一系列的注入化学剂实验，在实验中对推测的天然气水合物层注入了甲醇和氯化钙等化学物质，使产量大多有显著的提高。实验结果表明，注入甲醇到 5 口开采井中，使平均产气率增加了 4 倍之多，这归功于原地气体水合物的分解，如表 7.1 所示。

表 7.1　Messoyakha 地区开采现场注入化学剂的测试结果

开采井	化学剂种类	化学剂体积/m³	注入化学剂前的气体流量/（1 000 m³/d）	注入化学剂后的气体流量/（1 000 m³/d）
129	96%（质量）甲醇	3.5	30	150
131	96%（质量）甲醇	3.0	175	275
133	甲醇	未知	25	50
138	10%（体积）MgOH + 90% $CaCl_2$	4.8	200	300

Messoyakha 气田通过采用简单的降压开采方法，取得了长期开采天然气水合物的成就，是目前世界上唯一一个水合物商业化开采的范例，已断续生产 17 年。图 7.2 所示是 Messoyakha 气田从 1970—1990 年的生产历史（Makogon，1995），不考虑水合物影响的压力曲线为 $H-I-K-L-M$，实测压力曲线为 $H-I-N-O-P-Q$，产气速率曲线为 $A-B-D-E-F-G$。如果认为水合物分解产气有贡献的话，$B-C-D$ 和 $E-F-G$ 就是水合物分解产气量曲线。Messoyakha 气田开采历史可以分为五个阶段，如图 7.2 所示。

第一阶段（1969—1971 年）：储层压力尚未降到气体水合物稳定条件之下，此阶段天然气产自水合物下的游离气层。

第二阶段（1972—1975 年）：实际储层压力超过预测储层压力，压力偏移表明气体水合物开始分解，此阶段天然气产自水合物层。

第三阶段（1976—1977 年）：储层产出的气量等于气体水合物分解释放的气量。

第四阶段（1978—1981 年）：气田产量逐渐下降，最终停产。此时随着气体水合物的持续分解，储层压力开始回返上升。在开采 8 年以后，气田转入了封存阶段，这一阶段持续了 4 年左右。由于地层压力在封存阶段低于平衡压力，所以天然气水合物矿体中的水合物继续快速分解。封存阶段的地层压力增大，但只有达到当时地层温度下的平衡压力值之后，地层压力才稳定下来。在封存阶段结束时温度测量结果表明，井内温度已经完全恢复到了初始温度值。

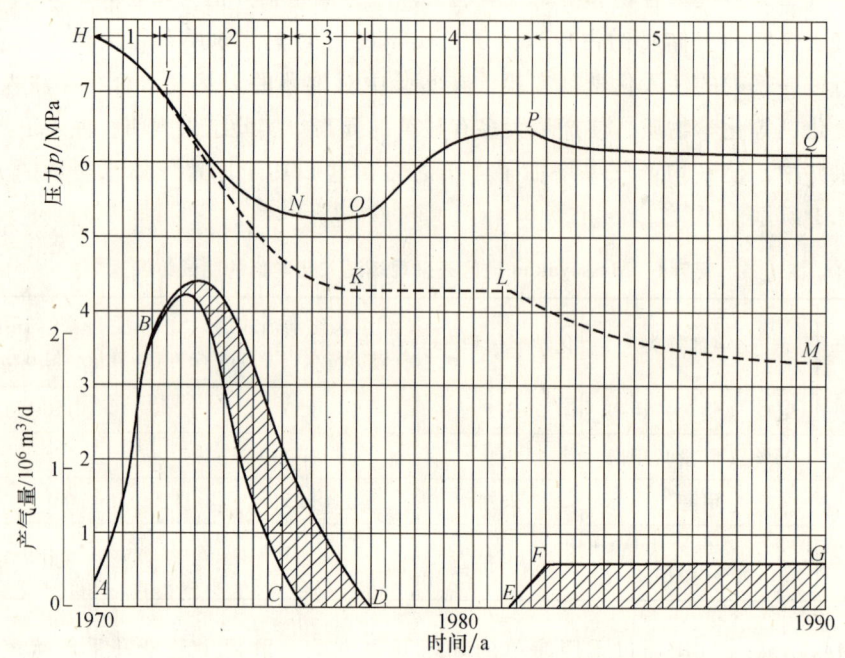

图 7.2 Messoyakha 气藏压力以及产气过程

第五阶段（1982 年以来）：气田转入适度采气阶段，此阶段天然气水合物释放的气量一直与开采气量持平。

在开采天然气的第四和第五阶段，发现地层温度降低，在水合物饱和层中井底温度比初始温度低 2~7 ℃。实践证明，在 Messoyakha 气田整个开采史中，气水界面的深度发生了移动，这也可能是天然气水合物存在的间接证据，因为天然气水合物分解会产生大量的水。

在气田开采的前 8 年期间，从天然气水合物矿藏中采出的气体的量占 21%。而在其封存期间，由于水合物的分解，使得从天然气水合物矿藏中又产出了 $3.17 \times 10^9 \ m^3$ 的气体，使下部气藏的压力得以保持，可开采的天然气总量不断地增加，并延长了天然气田的开发期限。该气田的储量估计为 $(3.7 \sim 40.0) \times 10^{10} \ m^3$，最可能的储量为 $8.0 \times 10^{10} \ m^3$。由于水合物的存在，使气田的储量增加了 78%。气田的最高年产量为 $2.1 \times 10^9 \ m^3$。据统计，已从该气藏的游离气中大约生产出 $8.0 \times 10^9 \ m^3$ 的天然气，从分解的水合物中生产出约 $3.0 \times 10^9 \ m^3$ 的天然气（张卫东等，2007）。当初以游离态形式存在的天然气中的可采气体在前三个阶段已经被采出,后期的天然气产量都来自水合物。

7.2 Mallik 地区天然气水合物开发试验

7.2.1 Mallik 地区天然气水合物概况

Mallik 位于加拿大的西北地区的马更些三角洲,地理位置为 69°27′28″N,134°39′32″W,是广义的波弗特海 - 马更些盆地的重要组成部分。该盆地是加拿大最重要的油气盆地之一,自 1962 年以来已钻探了 263 口油气井,发现了油气田 52 个,探明的原油和凝析油可采储量为 $172.75 \times 10^6 \text{ m}^3$,天然气可采储量为 $254.67 \times 10^9 \text{ m}^3$,原油资源量为 $957.2 \times 10^6 \text{ m}^3$(祝有海,2006)。

马更些冻土区天然气水合物的调查有着悠久的历史,研究始于 20 世纪 70 年代早期,1972 年加拿大的帝国石油公司(Imperial Oil Resources Ltd),在加拿大北极地区马更些三角洲勘探常规石油天然气时,施工的 Mallik L - 38 井(69°27′44″N,134°39′25″W)的完井深度为 2 524 m,依据钻井过程中大量的气体(泥浆气)释放、测井剖面中的高声速和高电阻率、试井过程中的低油(气)层压力以及缓慢压力回升等异常现象,Bily 等(1974)首次提出该地区有可能存在天然气水合物的论断,认为在 Mallik L - 38 井的永冻层下 8~11 m 处存在天然气水合物。Dallimore 等(1999)认为在井深 810~1 102 m 之间可能存在 10 层水合物,单层厚度为 3.1~25.4 m,累计厚度约为 111.4 m。随后,在其他钻孔中陆续发现有类似的异常标志。迄今,在整个波弗特海 - 马更些盆地共有约 30% 的油气井中有可能存在天然气水合物。加拿大地质调查局(GSC)利用以往的地质勘探资料,经过进一步勘探,于 1982 年绘制了该地区的天然气水合物分布图,并汇总了 859 口油井的测井结果,于 1993 年制成了数据库。20 世纪 90 年代初期,加拿大地质调查局从能源和环境角度考虑对 Mallik 地区的水合物进行了区域评价。通过编制地温梯度图和地质因素图初步圈定了天然气水合物的分布范围。1998 年,Mallik 地区的水合物研究在日本水合物研究计划(1995—2000 年)的推动下重新启动。日本石油公团(JNOC)和加拿大地质调查局联合日本的石油勘探公司(JAPEX)、加拿大有限公司、美国地质调查局(USGS)以及其他几家研究机构在 1998 年完成了天然气水合物研究井 Mallik 2L - 38 的钻探。对这口井的钻探有许多新的发现,但未进行天然气水合物的开发测试工作。

冻土区能否形成天然气水合物主要受温度、压力、气体组分、孔隙水盐度和沉积物物性等因素的控制。Judge 等(1992)假定地下某处的压力为静水压力,具有纯甲烷组分，孔隙水为淡水，依据波弗特海－马更些盆地的地表温度和地热梯度资料，对该地区天然气水合物稳定带的分布及其厚度进行了计算，结果表明，水合物稳定区的分布面积约为 1.24727×10^5 km²，水合物稳定带的底界通常位于地表以下 200～1 400 m，如图 7.3 所示。

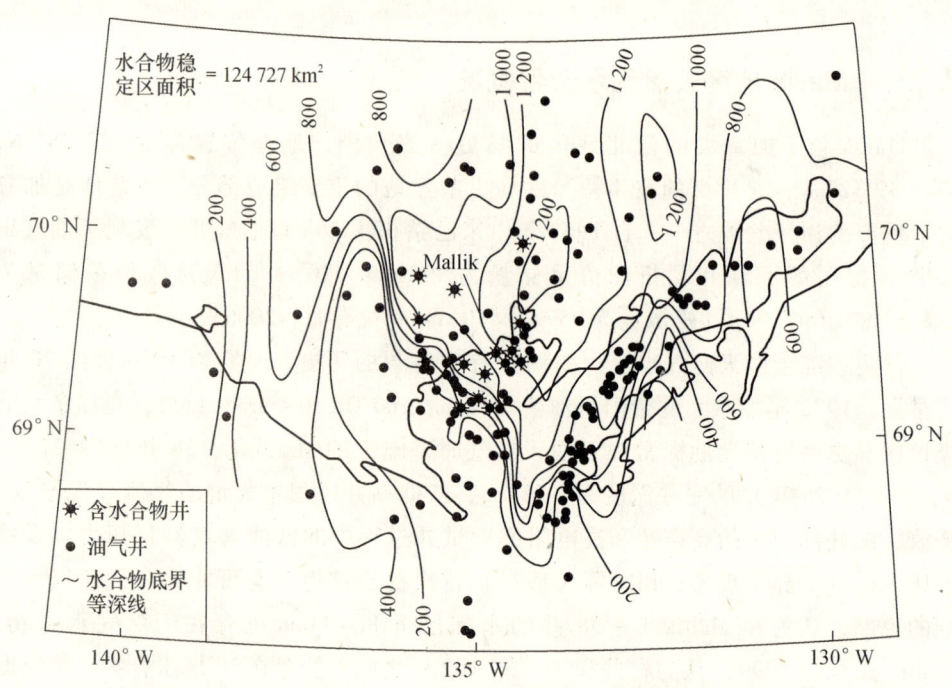

图 7.3　加拿大波弗特海－马更些盆地天然气水合物稳定带底界等值线图

关于 Mallik 冻土区的天然气水合物，除少数钻井获取到实物样品外，水合物的产出状况主要是依据与油气井相关的大量间接证据（如测井资料、试井资料和气测资料等）来推断的。Smith 等（1993）对 201 口油气井资料进行了分析和整理，结果表明有 60 口井（约占 29.9%）可能存在天然气水合物，其中在马更些三角洲地区的 146 口井中有 25 口（约占 17%）可能存在水合物，而波弗特海近海地区的产出概率要高得多，在 55 口井中有 35 口（约占 63%）可能存在水合物。整个波弗特海－马更些盆地全部 60 个异常标志井的水合物层厚度平均为 82 m。马更些三角洲地区的水合物主要产于第三系的 Kugmallit 层、Mackenzie Bay 层和 Iperk 层的碎屑沉积岩层段内，其中只有两口井的水合物产于冻土层内，其余均产于冻土层之下。根据天然气水合物的产出状况和不完整的地温资料，Davidson 等（1978）最早推算出波弗特海－马更些盆地的天然气水合物资源量为 8.8×10^{10} m³，随后 Smith 等（1993）推算的资源量为 1.60×10^{13} m³，Majorowicz 等（1999）推算的资源量为 $9.3 \times 10^{12} \sim 2.7 \times 10^{13}$ m³。

Collett 等 (1999) 则依据地震数据和测井资料，推算陆上冻土区四个水合物矿藏的资源量为 1.87×10^{11} m^3。Majorowicz 等 (2001) 根据相对较完善的资料推算出的资源量为 $2.4 \times 10^{12} \sim 8.7 \times 10^{13}$ m^3。尽管各学者对于该地区天然气水合物资源量的评价不同，但由此却可见，波弗特海－马更些盆地天然气水合物的资源量是相当巨大的，比常规天然气资源量大 3~4 个数量级，这将大大促进该地区的油气开发进程并提高其生产年限。

7.2.2 Mallik 2002 项目试验开采

1. Mallik 2002 项目概况

Mallik 2002 项目是基于 Mallik 地区的 Mallik XL－38 系列井展开的，包括 L－38、2L－38、3L－38、4L－38 和 5L－38 五口井，相距最远的井也不超过 150 m。1972 年，完成了 Mallik L－38 井。1998 年，为获得日本南海海槽开展天然气水合物钻探的实际经验，由日本石油公团提议并出资，联合加拿大地质调查局以及美国地质调查局等单位，历时 39 天，在距 Mallik L－38 井 100 m 的地方又钻了一口 Mallik 2L－38 天然气水合物研究井，钻探进尺 1 150 m，在 897~1 110 m 处发现了 9 层水合物（未发现 Mallik L－38 井最上部的水合物层），总厚度超过 110 m，采集到了大量实物样品，并进行了多学科、多方法研究，取得了丰硕的成果。

Mallik 2L－38 井是日本石油公团和加拿大地质调查局联合实施的项目，是日本石油公团于 1995 年发起的关于天然气水合物勘探开发五年计划的一部分。其目的有两个：一是评价并开发用于天然气水合物勘查、钻探和开采的新技术，同时设计出能于 1999 年在日本近海安全有效地进行天然气水合物取心钻探所必需的钻具；二是评价从近海水合物中开采天然气的可能性，并开发出经济地开采水合物的必要技术。对于 Mallik 2L－38 井，主要有以下五个研究重点：

（1）验证取心技术，包括日本最新研制的保压保温取心钻具系统的可靠性；
（2）结合科研计划对取出的岩心进行测试分析；
（3）对有缆测井方法进行验证和改进；
（4）试验和评价钻井泥浆、下套管和水泥固井技术；
（5）根据水合物的存象，对其进行初步开采试验。

日本石油资源勘探公司于 2001 年 12 月 25 日至 2002 年 3 月 14 日，先后完钻 Mallik 3L－38、Mallik 4L－38 和 Mallik 5L－38 井，三口井位于一条直线上，井间距为 40 m。Mallik 5L－38 井是天然气水合物生产研究井，位于其两侧的 Mallik 3L－38、4L－38 为两口观测井，3L－38 井未钻及水合物层，井深为 1 147 m，4L－38 井穿过水合物层，井深为 1 162.7 m，位于两口观察井中间的 5L－38 井为生产测试井，井深为 1 113.7 m。

与 Mallik 2L-38 井类似，Mallik 2002 项目也是由日本石油公团、加拿大地质调查局、美国地质调查局和德国波茨坦地学研究中心发起的，并联合美国能源部（USDOE）、印度石油天然气部（MOPNG）、英国石油-雪弗龙德士古（BP-Chervon Texaco）马更些三角洲联合投资公司以及国际大陆科学钻探计划（ICDP）等共同出资。该计划最终由 50 多个研究所、大学和公司的 200 多位科学家共同参与合作。每个参加机构除了直接提供资金外，还提供科研和施工方面的便利条件。由上述各个单位的代表组成的项目指导委员会负责制定项目预算，并把整个项目分解成几个基本项目。该委员会下设一个技术委员会，由加拿大地质调查局负责协调。技术委员会由地质与地球物理组、模拟实验组、生产试验组和钻井施工组四部分组成。每个组均由参与现场工作的工程师和科学家组成。指导委员会和技术委员会负责在预定的预算和时间框架内项目计划能够最佳地执行。科研技术工作由加拿大地质调查局领导，钻井施工由日本石油公团和日本石油资源勘探公司共同负责。

项目的主要目的是评估天然气水合物的生产潜力和全球变暖对水合物稳定带的影响，拟定的研究重点包括：

（1）天然气水合物储层的生产响应，具体包括水合物的"原位"特征，水合物层的地质、地球物理、地球化学特征及其三维展布、储量估算、储层模拟，以及各种仪器、设备和模型的现场试验、开采下伏游离气层对水合物层的影响等。

（2）完善天然气水合物的基础理论。

（3）改善野外工作与实验室研究间的相互联系。

（4）提高理论知识和模拟能力。为此制定了一份包括岩心研究、测井分析、模拟研究、钻后技术管理等内容的详尽研究计划。

Mallik 2002 项目的取心结果和测井资料再次证实，在深度为 892～1 107 m 区间共有约 110 m 厚的天然气水合物层，自上而下可大致分成 A、B、C 三带，如图 7.4 所示。A 带位于 892～930 m 的 Mackenzie Bay 层序中，以一个 23 m 厚的水合物层为主，水合物多以孔隙充填的形式产出，饱和度相对较高，为 50%～85%。B 带位于 942～993 m 的 Kugmallit 层序中，由互层状的水合物层（5～10 m 厚）和非水合物层（0.5～1 m 厚）相间组成，饱和度变化较大，为 40%～80%。C 带位于 1 070～1 107 m 间的 Kugmalli 层序中，主要包括两个厚层水合物层，其中下水合物层（1 085～1 107 m）的饱和度最高，达 80%～90%。在 Mallik 系列的五口井中，尽管各水合物层的厚度和饱和度侧向上有所变化，但各水合物层均能横向对比。依据这五口井资料对该区水合物资源量（储量）进行了精确计算，结果显示，在 100 m × 100 m 区块内的资源量达 5.39×10^7 m^3。

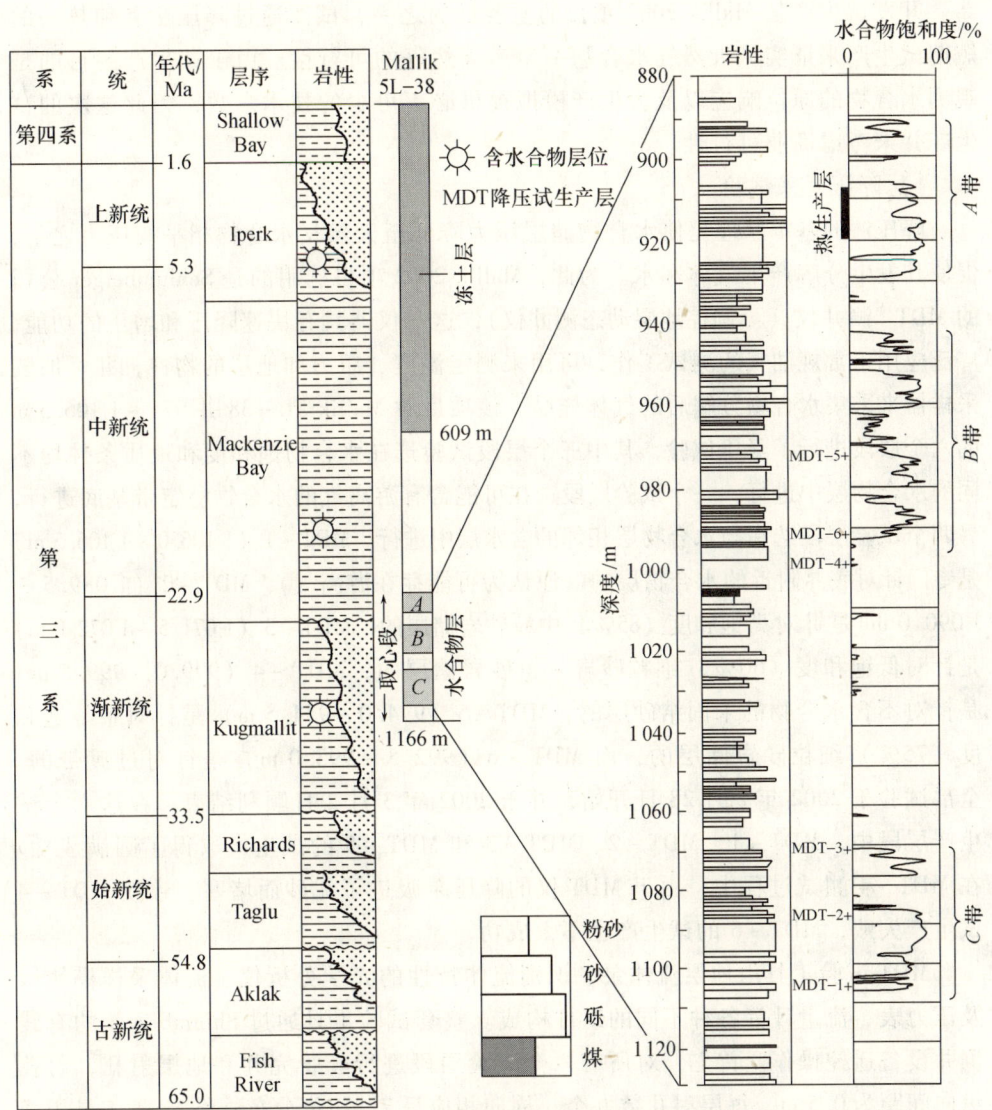

图 7.4 加拿大马更些冻土区地层层序和 Mallik 5L-38 井水合物层
及其试生产层位分布（祝有海，2006）

2. 天然气水合物的试生产

  天然气水合物的开采试验项目是通过技术委员会，由开采试验工作组设计的。由于预算和时间的限制，原定的封闭钻柱、多层复合热激发、注乙醇法、使用挠性管等试验内容全部取消了，只试验评价了降压开采和注热开采两种方法。开采试验方案的设计参考了在日本和美国所做的初步的天然气水合物储层模拟研究结果。

开发试生产是 Mallik 2002 项目的主要目的之一，试图通过降压法和加热法的短期试生产来证实从天然气水合物中生产天然气的可行性。由于试生产的目的是观测水合物的原位响应以及为生产模拟提供必不可少的技术参数，因此这次的试生产并未考虑商业可行性。

1) 降压开采试验

降压法的基本原理是使水合物储层压力降低至天然气水合物相平衡压力之下，促使其发生分解产生气体和水。为此，Mallik 2002 项目选用的是 Schlumberger 公司的 MDT^{TM} 测井仪（可调控地层动态测井仪），这一仪器具有快速降压和增压的功能，广泛应用于常规油气的测试工作，可用来测定温度、压力和地层的物性，并可加装采样器来采集水合物分解后的气体样品。该项目对 Mallik 5L-38 井 974~1 106.5 m 的六个层段进行了降压试验，其中三个层段试验选在水合物饱和度和地质条件均不同的水合物层中进行，一个试验层段选在可能含有游离气的水合物稳定带基底进行，另两个试验层段选在与水合物层相邻的含水层中进行。MDT-1 (1 106.0~1 106.5 m) 是专门针对底界附近的水合物层的（原认为可能存在游离气），MDT-2 (1 089.5~1 090.0 m) 是针对高饱和度 (85%) 中粒砂岩储层的，MDT-3 (1 071.5~1 072.0 m) 是针对低饱和度 (60%) 细粒砂岩-粉砂岩储层的，MDT-4 (999.0~999.5 m) 是针对不含水合物的未固结砂层的，MDT-5 (974.0~974.5 m) 是针对中等饱和度 (75%) 细粒砂岩储层的，而 MDT-6 (992.5~993.0 m) 是针对过渡带的。全部试验于 2002 年 2 月 28 日开始，并于 2002 年 3 月 2 日顺利结束。在这六个试生产层段中，MDT-1、MDT-2、MDT-3 和 MDT-5 的试生产取得了圆满成功。在 MDT-4 测试过程中，由于 MDT 仪的降压泵吸进了泥砂而堵塞，致使 MDT-4 试生产失败，MDT-6 的试生产也不太成功。

MDT 试验工具由地层流体泵、识别流体特性的光学分析仪、流体采样模块以及压力表、流量计等各种不同的组件构成。整套试验工具通过 Shlumberger 的有线测井设备遥控操作。首先，对所有六个试验层段进行套管完井和地层射孔，射孔纵向间距为 0.5 m，每层射孔数九个，周向相应呈 72°相位分布。将 MDT 工具用缆绳下入最底一层射孔试验层段，两个相距 1 m 的封隔器将该试验段分割开。然后，用泵抽出套管封隔器之间的流体，使该射孔段降压。泵出的流体由光学流体分析仪进行判别分类，当发现有研究价值的流体时，经旁路将其引到样品室。根据监测到的流动状态，泵出的流体流速可调节。六个 450 cm^3 的样品室中的两个事先装满了甲醇，以便在水合物堵塞管路时泵送甲醇来清除这些水合物。如果孔内试验层段的压力高于该处水合物的平衡压力，所产生的气体被视为游离气体。如果压力降低到平衡压力以下，所产生的气体则被视为水合物分解出的气体。在关闭液流后，记录了压力恢复过程曲线。随后进行了其他试验。反方向泵送流体并监测试验层段漏失和压裂情况，可获取岩石的力学参数。沿试验层段逐层上移 MDT 工具，三天内成功完成了六个层段的试验工作。试验过程中只提钻一次，以便检修试验工具。六个样品室被送到试验室，期间始终保持着各自的孔内压力，并对每份样品进行了原孔深状态分析。每个试生产层段均进行了三次短暂的降压（例如 MTD-2 分别在 0.6 h、1.2 h 和 3.0 h）和压力恢复试验，有的还进行增压试验以观测人工微裂隙对生产速率的影响。试生产结果表明，单独使用降压法就可从不同饱和度和不同物性的水合物层中生产出天然气，每次降压过程均伴随着水合物的分解，并使气流速率增加，如图 7.5 所示，而水合物层中的天然裂隙和人工增压所形成的微裂隙有可能加大水合物分解的区域，从而增加天然气的产量。

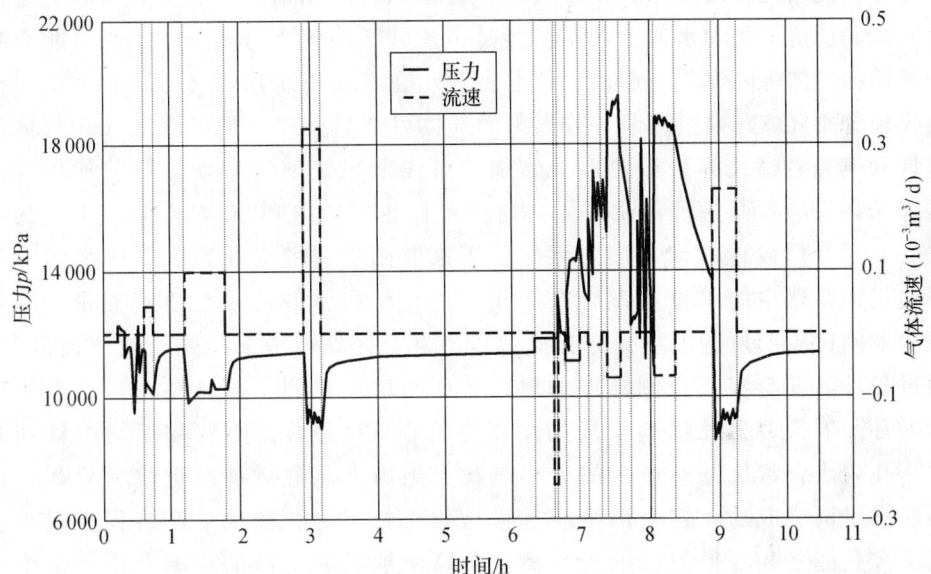

图 7.5 加拿大马更些冻土区 Mallik 5L-38 井 MTD-2 天然气水合物试生产层段的降压试验数据

图中显示了三次降压-返排过程（0.6~1.2 h，1.2~3.0 h，3.0~6.6 h），两次加压（微裂缝）-返排过程（7.6~8.1 h，8.1~8.9 h）和最后一次降压-返排过程（8.9 h 之后）

2）注热开采试验

注热法的原理是通过向天然气水合物地层中注入热流体以升高水合物储层温度来使其发生分解。在降压开采试验层段上部搭桥构筑了水泥塞，对 Mallik 5L-38 井 907~920 m 区间共 13 m 厚的水合物层进行了试生产。这一试验层是含水合物的砂岩层，水合物饱和度高达 70%~80%，顶、底盖层均为厚约 1~2 m 的薄页岩层。为了使唯一一根未遭到破坏的光纤电缆（在注热开采试验期间对监测试验段的温度是必不可少的）遭受破坏的可能性降到最低限度，只在零度相位沿一条垂直线射孔。幸运的是，射孔时没有击中该电缆线。在射孔区段上部用 3.5 in 套管安装了一个封隔器，该封隔器上部连接一个 1.5 m 长的膨胀接头，作为注热试验期间的热膨胀空间。将 3.5 in 套管悬挂在地表井口的管状悬挂器上，在其内部下入 1.66 in 的油管。该油管下端坐在射孔试验层段的底部，上端也悬挂在地表井口的管状悬挂器上。用 1.66 in 油管代替绕丝管可以降低成本。将大于 80 ℃ 的加压（13 000 ~ 14 000 kPa）热流体（实际上为干净的氯化钾钻井泥浆）经由 1.66 in 油管泵入孔内，在底部加热射孔试验层段后，从 3.5 in 套管与 1.66 in 油管间的环状间隙返回地表，如图 7.6 所示。流体所携带热量使射孔试验层段内的天然气水合物融化分解，产生的气体和水同循环流体一起上返到地表。孔内循环的热流体原计划使用纯净的盐水，但因后勤供应所限，改用清洁的钻井泥浆代替。混合有试验层溶解气和水的上返浆液经过节流管汇入气水分离器。天然气水合物分解后的气体将随泥浆一起沿回流管回返，在地面依次用高压分离仪和低压分离仪来分离气体和残余泥浆，分离出的气体可进行采样、现场测试（用气体流量计和气相色谱仪等）以及点火燃烧，而残余泥浆则经重新加热、加压后再进入循环系统。泵送的泥浆在入井前再用加热器加热到 80 ℃ 左右。事先加工并安装了专门设计的流量测量系统，用来监测流速的变化范围。产生的水量可通过泥浆罐中的水位和混合在泥浆中的化学指示剂的浓度进行测量。注热试验期间试验层段的温度分布是通过传感器及光纤电缆系统进行连续监测的。通过预计温度与实际观测温度的对比，证明试验达到了设计要求。热泥浆连续循环了五天，射孔试验层段的温度保持在 5 ℃ 左右，所有数据均按计划获得。孔内水合物层分解产生的天然气在火炬塔上点燃后持续燃烧，象征该项目获得了圆满成功。整个试生产过程是相对封闭的。在试生产过程中同步进行了多孔测井和其他方面的地震调查，以便确定试生产的影响范围。试生产结束后再次对试生产层段进行了测井，以便估算水合物的分解量。

  图 7.6、图 7.7 给出了加拿大马更些冻土区 Mallik 5L - 38 井的天然气水合物加热试生产的流程示意图。经过 123.65 h 的热流体循环后，总共生产出 468 m^3 的天然气。另外，在试生产结束至封井期间还有 48 m^3 的天然气逸出。试生产过程中前 35 h 的平均日产量维持在 100 m^3，在 35 ~ 55 h 间生产量突然升高，最高日产量达到 350 m^3，之后生产量再次降低，平均日产量为 50 m^3，如图 7.8 所示。依据试生产结束后的测井数据推断，应有 634 m^3 的天然气产出，与实际产出量有 118 m^3 的差异（这一差异在合理范围内）；水合物层的分解半径与岩性有关，最大半径（约 1.8 m）位于试生产层段的底部。这是第一次从技术上证明注热法开采天然气水合物的可行性。

  Mallik 5L - 38 井的试生产结果表明，单独的加热法或降压法均能使水合物发生分解并释放出天然气，但沉积物类型、水合物饱和度以及水合物相平衡条件均影响着水合物的生产过程。由于这是控制性的短期试生产而不是长期试生产，这次试生产的总产气量相对较小，而且产气速度也受到控制，但这是人类历史上非常重要的一步，必将为以后长期试生产直至最终进行商业生产奠定基础。

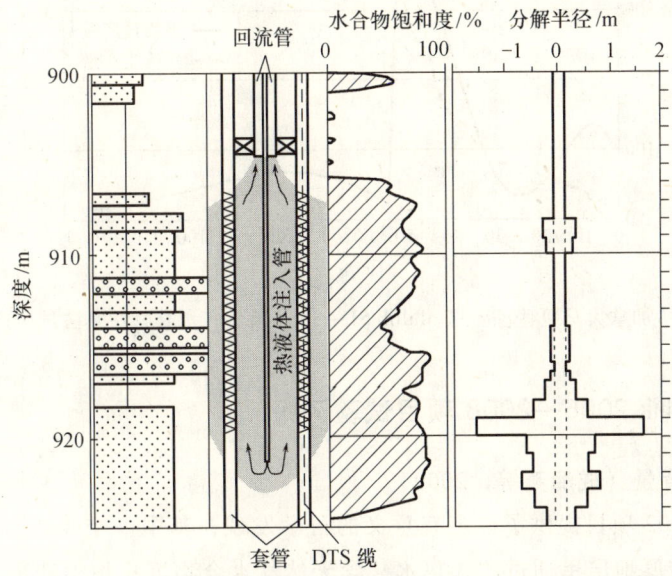

图 7.6　加拿大马更些冻土区 Mallik 5L-38 井的天然气水合物注热法试生产层及其生产示意图

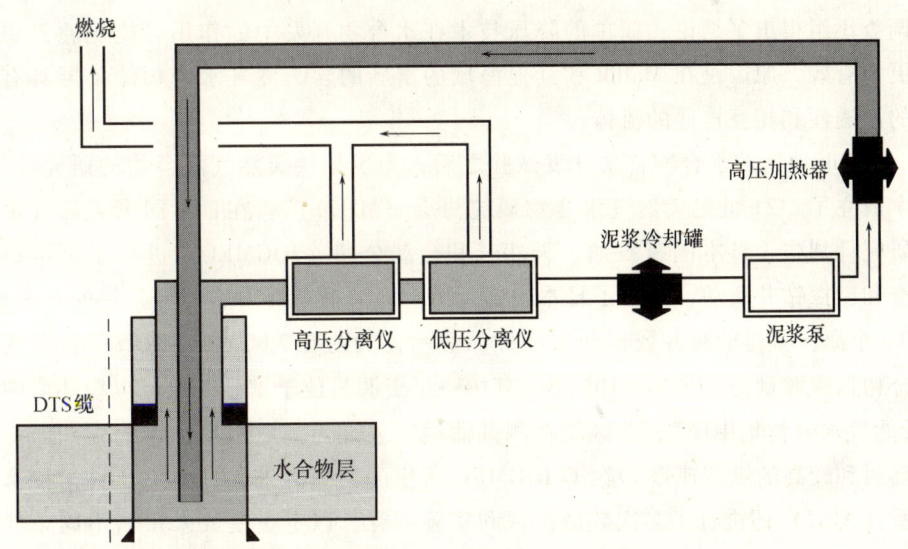

图 7.7　加拿大马更些冻土区 Mallik 5L-38 井的天然气水合物加热试生产流程示意图

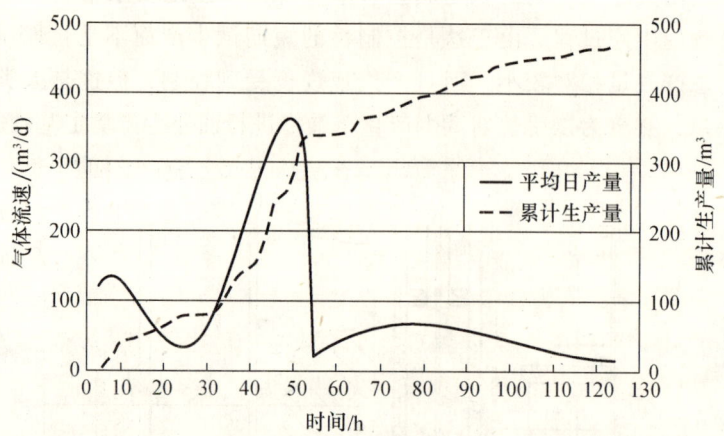

图 7.8　加拿大马更些冻土区 Mallik 5L-38 井天然气水合物注热法试生产结果

7.2.3　Mallik 2006—2008 项目试验开采

1. 项目背景（成海燕等，2009）

Mallik 2002 项目提供了许多有意义的科学发现，其中一个令人鼓舞的科学发现是在冻土带厚地层里通过注入热水从含天然气水合物沉积物中产出了 468 m³ 的天然气气体。除了使水合物分解出的气体在北极的天空燃烧之外，本项目采集到了大量的宝贵数据和样品。通过对这些资料的分析和大量的数值模拟工作，2002 年调查小组得出了结论：简单的降压技术在水合物开发中的作用可能比原先想象的更为有效，原因是在 Mallik 和其他海域的富砂的含天然气水合物储集层具有较高的渗透性和相互连通的流体。

Mallik 地区的水合物首次开发试验之后，为了加快天然气水合物的研究计划，日本成立了"21 世纪天然气水合物研究协会（MH21）"。在日本国家天然气水合物研究计划中，日本国家石油、天然气和金属公司（JOGMEC）进行了三维地震调查和勘探钻井活动，计算了日本中部近海南海海槽东部天然气水合物的资源量。由 16 个海区获得的测井数据和岩心样品显示，大约有 7 000 km² 海域存在天然气水合物，资源量为 11 326×10⁸ m³。其中一半资源量位于富砂的浊流沉积环境中的"天然气水合物集中区"，此区域在测井曲线上表现为高电阻率，在地震剖面上为强反射和较高的纵波速度。除了 JOGMEC 所作的调查之外，日本工业科学技术研究所（AIST）还进行了多次数值模拟和实验研究，以定量模式来预测不同条件下天然气水合物的分解行为。这些新发现和新成果加速了寻找更高效的天然气水合物分解技术的进程。

2. 试验开采

2006年,日本国家石油、天然气和金属公司和加拿大的自然资源部(NRCANN)签订了合作协议,在同一地点进行第二次天然气水合物的开发试验。为了简化天然气水合物测试方法,日本和加拿大同意采用简单的降压技术。2007年,日本与加拿大的水合物专家重聚 Inuvik 市,开始了新一轮的天然气水合物开发试验。此次开发测试时间更长,降压技术进一步得到提高。本项目在经过两个冬天的工作于2008年4月顺利完成。

1) 2007年冬季的开发试验工作

2007年冬季的野外工作重点是安装基础设施和进行短期开发测试。为了最大限度地减少钻探费用,将1998年项目研究所用钻井(Mallik 2L-38)通过扩孔、下套管、固井改装成开发测试井。在解决了以上问题之后,开发测试于2007年4月2日开始实施。测井资料确定出的水合物开发层段的厚度为12 m,位于整个水合物沉积层的底部。据分析,水合物开发层段具有较高的水合物饱和度和较高的渗透率,其温度和压力条件有利于实施水合物降压开发。潜入式电动泵(ESP)位于井筒底部,它通过使井筒中水位下降来降低地层压力。为了保护环境,2007年的水合物开发试验中将所有钻井过程中产生的废水注入到了水合物层段之下的含水层中。出砂阻止了天然气的连续泵出,开采试验在60 h后终止。其中,在最成功的12.5 h开发过程中累计产出天然气至少有830 m^3。这是世界上首次通过降压法从水合物沉积层中产出天然气,超过了2002年五天的天然气产量。开采试验前后的套管井测井数据反映了地层对降压作用的响应。虽然降压法采气依然面临挑战,但测试结果表明,即使在很短的时间内降压采气方法也是有效的。

2) 2008年冬季的开发试验工作

2008年的野外工作重点是进行较长时间的天然气水合物开采试验,以解决2007年遇到的问题。把冰道和站位建好后,将一个防砂装置下入 Mallik 2L-38 测试井中,如图7.9所示。2008年3月10日下午开始测试,3月16日中午12时停止。六天的持续生产使井底部建立了稳定的压力条件。伴随着持续的水合物分解气体所产生的火焰,稳定的天然气产量在地面上得到了测试和证实。在井底和井口分别获得了压力、温度、气体、液体的流速数据,并采集到了气体、液体、固体样品。测试后,生产井被舍弃,并且所有的设备在4月初被拆除。在 Mallik 2008 开发测试项目中,天然气的产量达到2 000~4 000 m^3/d,累计产量约为13 000 m^3。

有效的开发技术是天然气水合物成为一种有价值的能源的关键。加拿大北部水合物开发试验的成功意义重大。我们希望它能促进天然气水合物开发在工程和科学研究方面的国际合作。当然,在不同的地质条件下,较长时间和较大规模的开发试验还需要做大量的工作,这些工作可以为水合物开发理论和技术的检验提供额外的数据。但要从深海水合物沉积物中开采天然气仍会面临很多挑战。要获得科学和工程技术方面的突破,就要将北极冻土带和深海天然气水合物的勘探和开发相结合,包括实验室基础研究、野外验证、数值模型等。希望由日本和加拿大合作完成的 Mallik 2006—2008 计划不仅是水合物开发试验的里程碑,还是一种合作的典范。

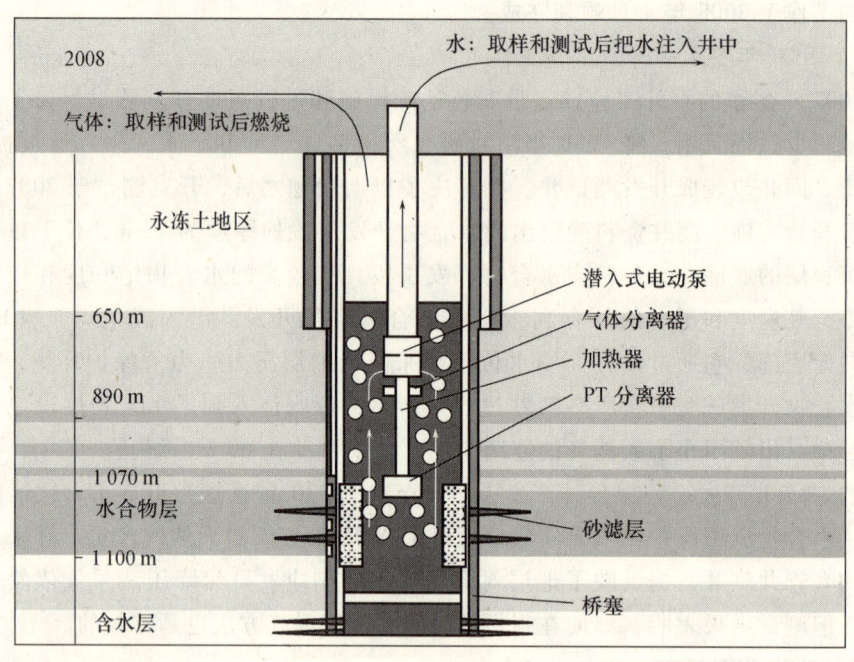

图 7.9　2008 年 Mallik 2L-38 井水合物降压开采示意图(龚建明等,2008)

参考文献

陈建文,闫桂京,吴志强,等. 2004. 天然气水合物的地球物理识别标志 [J]. 海洋地质动态, 20 (6): 9-12.

成海燕. 2009. 2006—2008 Mallik 天然气水合物开发试验进展 [J]. 海洋地质动态, 25 (1): 20-21.

邓希光,吴庐山,付少英,等. 2008. 南海北部天然气水合物研究进展 [J]. 海洋学研究, 26 (2): 67-74.

葛倩,王家生,向华,等. 2005. 天然气水合物资源量研究进展 [J]. 海相油气地质, 10 (4): 47-50.

龚建明,刘昌龄,成海燕. 2008. 天然气水合物的开发试验有如星星之火. [J] 海洋地质动态, 24 (10): 29-31.

巩艳,林宇,汝欣欣,等. 2010. 天然气水合物储运天然气技术 [J]. 天然气与石油, 28 (2): 4-8.

胡海良,唐海雄,罗俊丰,等. 2009. 深水天然气水合物钻井及取心技术 [J]. 石油钻采工艺, 31 (1): 27-30.

黄文件,刘道平,周文铸,等. 2004. 天然气水合物的热物理性质 [J]. 天然气化工, 29: 66-71.

刘昌岭,业渝光. 2008. 海洋天然气水合物实验分析技术 [J]. 海洋地质动态, 24 (11): 13-17.

刘小平,杨晓兰. 2007. 海底天然气水合物地球化学方法勘探进展 [J]. 天然气地球科学, 18 (2): 313-317.

李世伦,程毅,秦华伟,等. 2006. 重力活塞式天然气水合物保真取样器的研制 [J]. 浙江大学学报:工学版, 40 (5): 888-892.

刘华,李相方,夏建蓉,等. 2006. 关于天然气水合物钻采工艺技术进展的研究 [J]. 钻采工艺, 29 (3): 45-48.

龙学渊,袁宗明,倪杰. 2006. 国外天然气水合物研究进展及我国的对策建议 [J]. 勘探地球物理进展, 29 (3): 170-178.

卢振权,吴能友,陈建文,等. 2008. 试论天然气水合物成藏系统 [J]. 现代地质, 22 (3): 363-375.

栾锡武,赵克斌,孙冬胜,等. 2008. 海域天然气水合物勘测的地球物理方法 [J].

地球物理学进展，23（1）：210-219.

蒋国盛，张凌，黎忠文，等. 2001. 深水海底钻进泥浆中使用的天然气水合物抑制剂［J］. 中国海上油气（地质），15（5）：368-370.

宁伏龙，吴翔，张凌，等. 2006. 天然气水合物地层钻井时的水基钻井液性能实验研究［J］. 天然气工业，26（1）：52-55.

宋海斌，张岭，江为为，等. 2003. 海洋天然气水合物的地球物理研究（BSR）：拟海底反射［J］. 地球物理学进展，18（2）：182-187.

苏新，陈芳，张勇，等. 2010. 海洋天然气水合物勘查和识别新技术：地质微生物技术［J］. 现代地质，24（3）：399-414.

苏正，陈多福. 2006. 海洋天然气水合物的类型及特征［J］. 大地构造与成矿学，30（2）：256-264.

孙丽，李长俊，廖柯熹，等. 2009. 水合物法储运天然气技术及其应用前景［J］. 油气储运，28（4）：42-44.

孙志高，王如竹，樊栓狮，等. 2001. 天然气水合物研究进展［J］. 天然气工业，21（1）：93-96.

汤凤林，张时忠，蒋国盛，等. 2002. 天然气水合物钻探取样技术介绍［J］. 科技情报，21（12）：97-99.

王达，庞馨萍，李常茂. 2000. 关于天然气水合物开发的思考［J］. 探矿工程，（4）：1-3.

王淑红，宋海斌，颜文. 2004. 天然气水合物的环境效应［J］. 世界地质，23（2）：160-165.

王智锋，许俊良，薄万顺. 2009. 深海天然气水合物钻探取心技术［J］. 石油矿场机械，38（9）：12-15.

王智锋，许俊良. 2009. 深海天然气水合物钻探取心的难点与对策［J］. 石油钻采工艺，31（4）：24-27.

王祝文，李舟波，刘菁华. 2003. 天然气水合物的测井识别和评价［J］. 海洋地质与第四纪地质，23（2），97-103.

吴后波，苏晓波，颜文. 2008. 海底天然气水合物的微生物成因及识别［J］. 海洋科学，32（3）：96-100.

吴华丽，汪玉春，陈坤明. 2007. 水合物储运技术及其应用前景［J］. 天然气与石油，25（5）：19-23.

吴江华. 1998. 一种新的气体水合物分解技术［J］. 天然气地球科学：天然气水合物专辑，9（3-4）：80-86.

吴能友，梁金强，王宏斌，等. 2008. 海洋天然气水合物成藏系统研究进展［J］.

现代地质，22（3）：356-362.

吴时国，姚伯初. 2008. 天然气水合物赋存的地质构造分析与资源评价 [M]. 北京：科学出版社.

张卫东，王瑞和，任韶然，等. 2007. 由 Messoyakha 水合物气田的开发谈水合物的开采 [J]. 石油钻探技术，35（4）：94-96.

赵省民. 1999. 天然气水合物研究的新进展 [J]. 海洋地质与第四纪地质，19（4）：39-46.

朱海燕，刘清友，王国荣，等. 2009. 天然气水合物取样装置的研究现状及进展 [J]. 天然气工业，29（6）：63-67.

祝有海. 2006. 加拿大马更些冻土区天然气水合物试生产进展与展望 [J]. 地球科学进展，21（5）：513-520.

Abegg F, Hohnberg H J, Pape T, et al. 2008. Development and application of pressure-core-sampling systems for the investigation of gas- and gas-hydrate-bearing sediments [J]. Deep-Sea Research I, 55: 1590-1599.

Adisasmito S, Sloan E D. 1992. Hydrates of hydrocarbon gases containing carbon-dioxide [J]. Journal of Chemical Engineering Data, 37: 343-349.

Anders E C, Rothfuss M. 2008. Advanced pressure coring [C] // AAPG International Conference and Exhibition, Cape Town, South Africa, October 26-29.

Back F R, Task I I. 2001. Preliminary evaluation of existing pressure/temperature coring systems [R]. Washington DC: Joint Oceanographic Institutions.

Barker J W, Gomez R K. 1989. Formation of hydrates during deepwater drilling operations [J]. Journal of Petroleum Technology, 41: 297-301.

Bily C, Dick J W L. 1974. Natural gas hydrate in the Mackenzie delta, northwest territories [J]. Canadian Petroleum Geology Bulletin, 22: 340-352.

Botrel T. 2001. Hydrates prevention and removal in ultra-deepwater drilling systems [C] // Offshore Technology Conference, Houston, Texas, April 30-May 3: 1-7.

Breland E, Englezos P. 1996. Equilibrium hydrate formation data for carbon dioxide in aqueous glycerol solutions [J]. Journal of Chemical & Engineering Data, 41, 11-13.

Carroll J J, Mather A E. 1991. Phase equilibria in the system water-hydrogen sulphide: Hydrate-forming conditions [J]. Canadian Journal of Chemical Engineering, 69: 1206-1212.

Chen Ying, Qin Huawei, Li Shilun, et al. 2006. Research on pressure tight sampling technique of deep-sea shallow sediment: A new approach to gas hydrate investigation [J].

China Ocean Engineering, 20 (4): 657-664.

Cherskiy N K, Tsarev K P. 1977. Evaluation of the reserves in the light of search and prospecting of natural gases from the bottom sediments of the world's oceans [J]. Geologiya i Geofizifa, 5: 21-31.

Christiansen R L, Sloan E D. 1993. Mechanisms and kinetics of hydrate formation [C] // International Conference on Natural Gas Hydrates, New Paltz, NY, June 20-24: 283-305.

Christine D, Didier D, Beniamin H. 2002. Differential scanning calorimetry: A new technique to characterize hydrate formation in drilling muds [J]. SPE Journal, 7 (2): 1-13.

Collett T S, Kuskra V A. 1998. Hydrate contain vast store of world gas resource [J]. Oil and gas Journal, 19: 90-95.

Collett T S, Lee M W, Dallimore S R, et al. 1999. Seismic- and welllog-inferred gas hydrate accumulations on Richards [C] // Dallimore S R, Uchida T, Collett T S, eds. Scientific Results from JAPEX/ JNOC/ GSC Mallik 2L-38 Gas Hydrate Research Well, Mackenzie Delta, Northwest Territories, Canada. Geological Survey of Canada, Bulletin, 544: 357-376.

Cook J G, Leaist D G. 1983. An exploratory study of the thermal conductivity of methane hydrate [J]. Geophysical Research Letters, 10 (5): 397-399.

Dallimore S R, Collett T S. 1999. Regional gas hydrate occurrences, permafrost conditions, and Cenozoic geology, Mackenzie Delta area [C] // Dallimore S R, Uchida T, Collett T S, eds. Scientific Results from JAPEX/ JNOC/ GSC Mallik 2L-38 Gas Hydrate Research Well, Mackenzie Delta, Northwest Territories, Canada. Geological Survey of Canada, Bulletin, 544: 31-43.

Danesh A, Tohidi B, Burgass R W, et al. 1993. Benzene can form gas hydrates [J]. Chemical Engineering Research and Design, 71 (Part A): 457.

Danesh A, Tohidi B, Burgass R W, et al. 1994. Hydrate equilibrium data of methyl cyclo-pentane with methane or nitrogen [J]. Chemical Engineering Research and Design, 72 (Part A): 197.

Davidson D W, El-Defrawy M K, Fuglem M O, et al. 1978. Natural gas hydrates in northern Canada [C] // NRC Institute for Research in Construction, National Research Council Canada. Proceedings of the 3rd International Conference on Permafrost, Edmonton, Alberta, Canada, 938-943.

Dholabhai P D, Englezos P, Kalogerakis N E, et al. 1991. Equilibrium conditions for methane hydrate formation in aqueous mixed electrolyte solutions [J]. Canadian Journal of Chemical Engineering, 69: 800-805.

Dholabhai P D, Parent J S, Bishnoi P R. 1996. Carbon-dioxide hydrate equilibrium conditions in aqueous-solutions containing electrolytes and methanol using a new apparatus [J]. Industrial & Engineering Chemistry Research, 35 (3): 819-823.

Dickens G R, Paull C K, Wallace P, et al. 1997. Direct measurement of in situ methane quantities in a large gas hydrate reservoir [J]. Nature, 385: 426-428.

Dickens G R. 2003. Rethinking the global carbon cycle with a large dynamic and microbially mediated gas hydrate capacitor [J]. Earth and Planetary Science Letters, 213: 169-183.

Dickens G, O'Neil J R, Rea D K. 1995. Dissociation of oceanic methane hydrate as a cause of the carbon isotope excursion at the end of the Paleocene [J]. Paleoceanography, 10: 965-971.

Dobrynin V N M, Korotajev Y P, Plyuschev D V. 1981. Gas hydrates: A possible energy resource [M] // Meyer R F, Olson J C, eds. Long-term energy resources. Boston: Pitman: 27-29.

D'Hondt S L, Jorgensen B B, Miller D J, et al. 2003. Proceedings of the ocean drilling program [R]. US: Texas A&M University.

Emile L, Keij K, Catherine E L, et al. 2002. Multiphase flow: Can we take advantage of hydrodynamic conditions to avoid hydrate plugging during deepwater restart operations? [C] // SPE Annual Technical Conference and Exhibition, San Antonio, Texas, September 29-October 2: 1-9.

Englezos P, Bishnoi P R. 1991. Experimental study of the equilibrium ethane hydrate formation conditions in aqueous electrolyte solutions [J]. Industrial & Engineering Chemistry Research, 30: 1655-1659.

Englezos P, Hall S. 1994. Phase equilibrium data on carbon dioxide hydrate in the presence of electrolytes, water soluble polymers and montmorillonite [J]. Canadian Journal of Chemical Engineering, 72: 887-893.

Englezos P, Ngan Y T. 1993. Incipient equilibrium propane hydrate formation conditions in aqueous solutions of sodium chloride, potassium chloride and calcium chloride [J]. Journal of Chemical & Engineering Data, 38 (2): 250-253.

Ershov E D, Yakushev V S. 1992. Experimental research on gas hydrate decomposition in frozen rocks [J]. Cold Regions Science and Technology, 20: 147-156.

Fehn U, Snyder G T, Muramatsu Y. 2007. Iodine as a tracer of organic material: ^{129}I results from gas hydrate system and fore arc fluids [J]. Journal of Geochemical Exploration, 95: 66-80.

Finley P, Krason J. 1986. Geological evolution and analyses of confirmed or suspected gas hydrate localities: Basin analysis, formation and stability of gas hydrates in the Middle America Trench [R]. U. S. Dep. Energy, DOE/MC/21181-1950, v. 9.

Gerald R D, Derryls, Kaiuwe H, et al. 2003. The pressure core sampler (PCS) on ODP Leg 201: General operations and gas release [R]. Texas: Ocean Drilling Program, Texas A&M University, the National Science Foundation and Joint Oceanographic Institutions, INC: 1-22.

Ginsburg G D, Soloviev K A. 1995. Submarine gas hydrate estimation: Theoretical and empirical approaches [C] // Proceedings of offshore Technology Conference, Houston, TX (1): 513-518.

Gornitz V, Fung I. 1994. Potential distribution of methane hydrates in the world's oceans [J]. Global Biogeochemical Cycles, 8: 335-347

Grefory J H, Gianbattista C, Veet R K. 2002. Deepwater natural gas pipeline hydrate blockage caused by a seawater leak test [C] // Offshore Technology Conference, Houston, Texas, May 6-9: 1-5.

Gudmundsson J S, Andersson V, Levik O I. 1997. Gas storage and transport using hydrates [C] // Offshore Mediterranean Conference, Ravenna.

Gudmundsson J S, Parlaktuna M, Khokhar A A. 1994. Storing natural gas as frozen hydrate [J]. SPE Production and Facilities, 9 (1): 69-73.

Gudmundsson J S, Parlaktuna M. 1991. Gas in ice: Concept evaluation [R]. Norwegian Institute of Technology, University of Trondheim.

Gudmundsson J S, Parlaktuna M. 1992. Storage of natural gas hydrate at refrigerated conditions [C] // AIChe Spring Natural Meeting, New Orleans.

Handa Y P. 1986. Composition, enthalpy of dissociation, and heat capacities in the range 85 to 270K for clathrate hydrates of methane, ethane and propane, and enthalpy of dissociation of isobutene hydrate, as determined by heat-flow calorimeter [J]. The Journal of Chemical Thermodynamics, 18: 915-921.

Hannegan D, Todd R J, Jonasson B. 2004. MPD: Uniquely applicable to methane hydrate drilling [C] // SPE/IADC Underbalance Technology Conference and Exhibition, Houston, Texas, October 11-12.

Harvey L D D, Huang P. 1995. Evaluation of potential impact of methane clathrate destabilization on future global warming [J]. Journal of Geophysical Research,

100: 2905-2926.

Hideaki T, Tetsuo Y, Fercho E D. 2003. Operation overview of the 2002 Mallik gas hydrate production research well program at the Mackenzie Delta in the Canadian arctic [C] // Offshore Technology Conference, Houseton, Texas, May 5-8.

Hikeaki T, Tetsuo Y, Yoshikazu T. 2001. Exploration for natural hydrate in Nankai-trough wells offshore Japan [C] // Offshore Technology Conference, Houston, Texas, April 30-May 3: 1-12.

Holbroof W S, Hoskins H, Wood W T, et al. 1996. Methane hydrate and free gas on the Black Ridge from vertical seismic profiling [J]. Science, 273: 1840-1843.

Hyndman R D, Davis E E. 1992. A mechanism for the formation of methane hydrate and seafloor bottom-simulating reflectors by vertical fluid expulsion [J]. Journal of Geophysical Research, 97: 7025-7041.

Hyndman R D, Spence G D. 1992. A seismic study of methane hydrate marine bottom simulating reflectors [J]. Journal of Geophysical Research, 97: 6683-6698.

John L C. 1983. Natural gas hydrates: Properties, occurrence and recovery [M]. Boston: Butterworth.

Judge A S, Majorowicz J A. 1992. Geothermal conditions for gas hydrate stability in the Beaufort-Mackenzie area: The global change aspect [J]. Global and Planetary Change, 98: 251-263.

Kadaster A G, Millheim K K. 2005. The planning and drilling of Hot Ice #1—gas hydrate exploration well in the Alaskan arctic [C] // SPE/IADC Drilling Conference, Amsterdam, Netherlands, February 23-25.

Kaiho K, Arinobu T, Ishiwatari R, et al. 1996. Latest Paleocene benthic foraminiferal extinction and environmental changes at Tawanui, New Zealand [J]. Paleoceanography, 11: 447-465.

Kamath V A, Mutalik P N, Sira J N, et al. 1991. Experimental study of brine injection and depressurization methods for dissociation of gas hydrates [J]. SPE Formation Evaluation, 6 (4): 477-483.

Kamath V A, Sanjay P. 1987. Evaluation of hot-brine stimulation technique for gas production from nature gas hydrates [J]. Journal of Petroleum Technology, 39 (11): 1379-1388.

Kamath V A. 1998. A perspective on gas production form hydrates [C] // JNOC's Methane Hydrate Intl. Symposium, Chiba City, Japan, october 20-22.

Karson J, Gesnik M. 1985. Geological evaluation and analysis of confirmed or suspected gas hydrate locations: Blake-Bahama outer ridge-US East Coast [R]. US Department of Energy, DEO/MC: 19-33.

Kats M E, Pak D K, Dickens G R. 1999. The source and fate of massive carbon input during the latest Paleocene thermal maximum [J]. Science, 286 (5444): 1531-1533.

Kim H C, Bishinoi P R, Heidemann R A, et al. 1987. Kinetics of methane hydrate dissociation [J], Chemical Engineering Science, 42 (7): 1645-1653.

Knittel K, Losekann T, Boetius A, et al. 2005. Diversity and distribution of methanotrophic archaea at cold seeps [J]. Applied and Environmental Microbiology, 71: 467-479.

Kono H O, Narasimhan S, Song Feng, et al. 2002. Synthesis of methane gas hydrate in porous sediments and its dissociation by depressurizing [J]. Powder Technology, 122: 239-246.

Kvenvolden K A, Barnard L A, Cameron D H. 1983. Pressure core barrel: Application to the study of gas hydrates, Deep Sea Drilling Project Site 533, Leg 76 [R]. Washington D. C. US Government Printing Office.

Kvenvolden K A, Claypool G E. 1988. Gas hydrates in oceanic sediment [R]. US: USGS Open-File Report 88-216.

Kvenvolden K A. 1988. Methane hydrates and global climate [J]. Global Biochemical Cycles, 3: 221-229.

Kvenvolden K A. 1998. A primer on the geological occurrence of gas hydrate [J]. Geological Society, London, Special Publications, 137: 9-30.

Lederhos J P, Metha A P, Nyberg G B, et al. 1992. Structure H clathrate hydrate equilibria of methane and adamantine [J]. AlChe Journal, 38 (7): 1045-1048.

Long J P, Sloan E D. 1996. Hydrates in the ocean and evidence for the location of hydrate formation [J]. International Journal of Thermophysics, 17 (1): 1-13.

Lu H, Ripmeester J A. 2008. A laboratory protocol for the anslysis of natural gas hydrates [C] // 6th International Conference on Gas Hydrates, Vancouver.

MacDonald G J. 1990. The future of methane as an energy resource [J]. Annual Review of Energy, 15: 53-83.

Majorowicz J A, Osadetz K. 2001. Basic geological and geophysical controls bearing on gas hydrate distribution and volume in Canada [J]. American Association of Petroleum Geologists Bulletin, 85: 1211-1230.

Majorowicz J A, Smith S L. 1999. Review of ground temperatures in the Mallik field area: A constraint to the methane hydrate stability // Dallimore S R, Uchida T,

Collett T S, eds. Scientific results from JAPEX/JNOC/GSC Mallik 2L-38 gas hydrate research well, Mackenzie Delta, Northwest Territories, Canada: Geological survey of Canada Bulletin 544, 45-56.

Makogon Y F. 1966. Special characteristics of the natural gas hydrate fields exploration in the zone of hydrate formation [R]. Moscow: TsNTI MIN GASPRoMa.

Makogon Y F. 1974. Hydrates of natural gas [M]. Translated from Russian by Cieslesica W J. Tulsa: Penn Well Publishing Co.

Makogon Y F. 1981. Hydrate of natural gas [M]. Tulsa: Penn Well Publishing Co.

Makogon Y F. 1995. Hydrates of hydrocarbons [R]. Chiba: Japan National Oil Corporation Seminar on the Gas Hydrate Development Technology.

Markl R G, Bryan G M, Ewing J I. 1970. Structure of the Blake-Bahama outer ridge [J]. Journal of Geophysical Research, 75: 4539-4555.

Marques L C C, Pedroso C A, Neumann L F. 2002. A new technique to troubleshoot gas hydrate buildup problems in subsea chiristmas-trees [C] // SPE Annual Technical Conference and Exhibition, San Antonio, Texas, September 29-October 2: 1-7.

Masayuki K, Satoru U, Masato Y. 2006. Pressure temperature core sampler (PTCS) [J]. Journal of the Japanese Association for Petroleum Technology, 71 (1): 139-147.

Matsumoto R. 1995. Causes of the $\delta^{13}C$ anomalies of carbonates and a new paradigm gas hydrate hypothesis [J]. J. Gen. Soc. Japan, 101: 902-924.

Max M D, Lowrie A. 1996. Oceanic methane hydrates: A frontier gas resource [J]. Journal of Petroleum Geology, 19 (1): 45-56.

McGuire P L. 1982. Recovery of gas form hydrate deposits using conventional technology [C] // SPE Unconventional Gas Recovery Symposium, Pittsburgh, Pennsylvania, May 16-18: 373-379.

Mclver R D. 1982. Role of naturally occurring gas hydrates in sediment transport [J]. American Association of Petroleum Geologists Bulletin, 66: 789-792.

Mehta A J, Sloan E D. 1993. Structure-H hydrate phase equilibria of methane + liquid hydrocarbon mixtures [J]. Journal of Chemical & Engineering Data, 38 (4): 580-582.

Mehta A J, Sloan E D. 1994. A thermodynamic model for structure-H hydrates [J]. AIChe Journal, 40 (2): 312.

Meyer R F. 1981. Speculations on oil and gas resources in small fields and unconventional deposits [M] // Meyer R F, Olson J C, eds. Long-term energy resources. Boston: Pitman: 49-72.

Milkov A V, Claypool G E, Lee Y J, et al. 2003. In situ methane concentrations at hydrate ridge, offshore Oregon: New constraints of the global gas hydrate inventory from active margin [J]. Geology, 31 (10): 833-836.

Nakano S, Yamamoto K, Ohgaki K. 1998. Natural gas exploitation by carbon dioxide from gas hydrate fields: High-pressure phase equilibrium for an ethane hydrate system [J]. Journal of Power and Energy, 212 (3): 159-163.

Ng H J, Robinson D B. 1985. Hydrate formation in systems containing methane, ethane, propane, carbon dioxide or hydrogensulfide in the presence of methanol [J]. Fluid Phase Equilibrium, 21: 145-155.

Nguyen H T, Kommareddy N, John V T. 1993. A Thermodynamic model to predict clathrate hydrate formation in water-in-oil microemulsion systems [J]. Journal of Colloid and Interface Science, 155: 482-487.

Nguyen H T, Phillips J B, John V T. 1989 Clathrate hydrate formation in reversed micellar solutions [J]. The Journal of Physical Chemistry, 93 (25): 8123-8126.

Nimblett J N, Shipp R C, Strijos F. 2005. Gas hydrate as a drilling hazard: Examples from global deepwater settings [EB/OL]. http://e-book.lib-sjtu.edu.cn/otc-2005/pdfs/otc17476.pdf.

Ostrander W J. 1984. Plane-wave reflection coefficients for gas sands at non-normal angles of incidence [J]. Geophysics, 49: 1637-1648

Ota M, Morohashi K, Abe Y, et al. 2005. Replacement of CH_4 in the hydrate by use of liquid CO_2 [J]. Energy Conversion and Management, 46 (5): 1680-1691.

Park K P. 2008. 韩国天然气水合物勘探行动 [J]. 海洋地质动态, 24 (11): 48-50.

Pettigrew T L. 1992. Design and operation of a wireline pressure core sample (PCS) [R]. US: Texas A&M University.

Phillips R J, Nguyen H, John V T. 1991. Protein recovery from reversed micellar solutions through contact with a pressurized gas phase [J]. Biotechnology Progress, 7: 43-48.

Pooladi-Darvish M. 2004. Gas production from hydrate reservoirs and its modeling [J]. Journal of Petroleum Technology, 56 (6): 65-71.

Prassl W F, Peden J M. 2004. Mitigating gas hydrate related drilling risks: A process-knowledge management approach [C] // SPE Asia Pacific Oil and Gas Conference and Exhibition, Perth, Australia, October 18-20.

Rao M, Nguyeni H, John V T. 1990. Enzyme activity in reversed micelles as modified by hydrate formation [J]. Biotechnology Progress, 6 (6): 465-471.

Raup D M. 1982. Sepkoski J R. Mass extinctions in the marine fossil record [J].

Science, 215: 1501-1503.

Ross M J, Toczylkin L S. 1992. Hydrate dissociation pressures for methane or ethane in the presence of aqueous solutions of triethylene glycol [J]. Journal of Chemical & Engineering Data, 37: 488-491.

Rothfuss M. 2003. Retrieval of cores from marine gas hydrates under in situ conditions with HYACE rotary core [C] // Proceedings of the DGMK spring conference, Celle, Germany, April 29-30: 565-576.

Ruppel C, Boswell R, Jones E. 2008. Scientific results from Gulf of Mexico gas hydrates joint industry project Leg 1 drilling: Introduction and overview [J]. Marine and Petroleum Geology, 25: 819-829.

Schicks J M, Ziemann M A, Lu H, et al. 2010. Raman spectroscopic investigations on natural samples from the Integrated Ocean Drilling Program (IODP) Expedition 311: Indications for heterogeneous compositions in hydrate crystals [J]. Spectrochimica Acta Part A: Molecular and Biomolecular Spectroscopy, 77 (5): 973-977.

Sira J H, Patil S L, Kamath V A. 1990. Study of hydrate dissociation by methanol and glycol injection [C] // SPE Annual Technical Conference and Exhibition. New Orleans, Louisiana, September 23-26: 977-984.

Sloan E D. 2003. Clathrate hydrate measurements: Microscopic, mesoscopic, and macroscopic [J]. The Journal of Chemical Thermodynamics, 35: 41-53.

Smith S L, Judge A S. 1993. Gas hydrate database for Canadian Arctic and selected East Coast wells [R]. Geology Survey of Canada Open File Report 2746.

Soloviev K A. 2002. Global estimation of gas content in submarine gas hydrate accumulations [J]. Russian Geology and Geophysics, 43: 609-624.

Song K Y, Kobayashi R. 1989. Final hydrate stability conditions of a methane and propane mixture in the presence of pure water and aqueous solutions of methanol and ethylene glycol [J]. Fluid Phase Equilibria, 47 (2-3): 295-308.

Stoll R D, Bryan G M. 1979. Physical properties of sediments containing gas hydrates [J]. Journal of Geophysical Research, 84 (B4): 1629-1634.

Stoll R D, Ewing J, Bryan G M. 1971. Anomalous wave velocities in sediments containing gas hydrates [J]. Journal of Geophysical Research, 76 (8): 2090-2094.

Sultan N, Cochonata P, Fouchera J P, et al. 2004. Effect of gas hydrates melting on seafloor slope instability [J]. Marine Geology, 213: 379-401.

Svartas T M, Fadnes F H. 1992. Methane hydrate equilibrium data for the methanewater-methanol system up to 500 bara [C] // Second (1992) International Offshore and Polar Engineering Conference, San Francisco, June 14-19.

Trofimuf A A, Cherskiy N V, Tsarev V P. 1973. Accumulation of natural gases in zones of hydrate- formation in the hydrosphere [J]. DoK lady Akademii Nauf SSSR, 212: 931-934.

Trofimuf A A, Cherskiy N V, Tsarev V P. 1975. The reserves of biogenic methane in the ocean [J]. Doklady Akademii Nauk SSSR, 225: 936-939.

Trofimuf A A, Cherskiy N V, Tsarev V P. 1979. Gas hydrates-new sources of hydrocarbons [J]. Priroda (1): 18-27

Trofimuk A A, Cherskiy N V, Tsaryov V P. 1977. The role of continental glaciation and hydrate formation on petroleum occurrence [M]. Meyer R F. The future supply of nature-made petroleum and gas. New York: Pergamon Press: 919-926.

Uchida T, Dallimore S, Mikami J. 2000. Ocurrences of natural gas hydrates beneath the permafrost zone in machenzie delta visual and X-ray CT imagery [C] // Holder G D, Bishinoi P R. Gas hydrate challenges for the future. New York: The New York Academy of Sciences: 1020-1033.

Xu W, Ruppel C. 1999. Predicting the occurrence, distribution, and location of methane hydrate in porous marine sediments [J]. Journal of Geophysical Research, 104 (B3): 5081-5095.

郑重声明

高等教育出版社依法对本书享有专有出版权。任何未经许可的复制、销售行为均违反《中华人民共和国著作权法》，其行为人将承担相应的民事责任和行政责任；构成犯罪的，将被依法追究刑事责任。为了维护市场秩序，保护读者的合法权益，避免读者误用盗版书造成不良后果，我社将配合行政执法部门和司法机关对违法犯罪的单位和个人进行严厉打击。社会各界人士如发现上述侵权行为，希望及时举报，本社将奖励举报有功人员。

反盗版举报电话　（010）58581897　58582371　58581879
反盗版举报传真　（010）82086060
反盗版举报邮箱　dd@hep.com.cn
通信地址　北京市西城区德外大街4号　高等教育出版社法务部
邮政编码　100120